科學DIY ②

兒童的科學叢書

地理和平衡

重心

動手做 趣味手工 輕鬆學 科學原理

槓桿原理

目錄

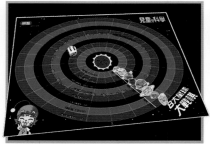

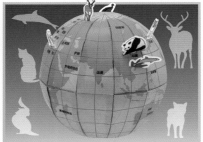

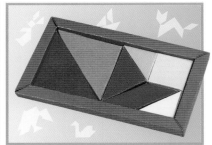

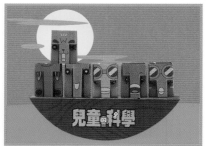

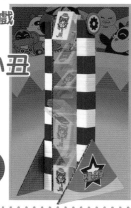

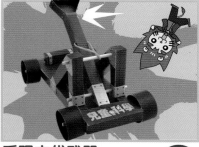

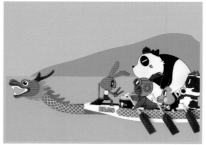

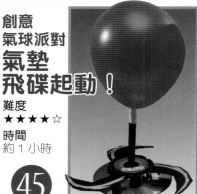

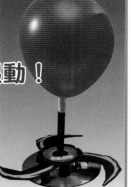

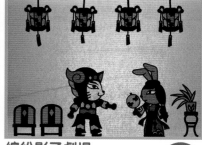

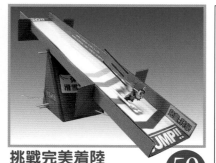

科學DIY2

1

天文

探索太陽系

8大星球大戰棋

銀河系中有一顆恆星，她的名字叫太陽，
她膝下有8個行星子女在身邊團團轉。這一個家族叫太陽系。
我們人類就是生存在排行第3的行星——地球之上的高等生物。
擁有無限智慧的我們，對這家族的認識有幾多呢？

製作難度：★☆☆☆☆　製作時間：約 20 分鐘

甚麼是行星？

行星（Planet）一詞源自希臘，意思是「在星空中徘徊的漫遊者」，是圍繞着恆星公轉的天體。

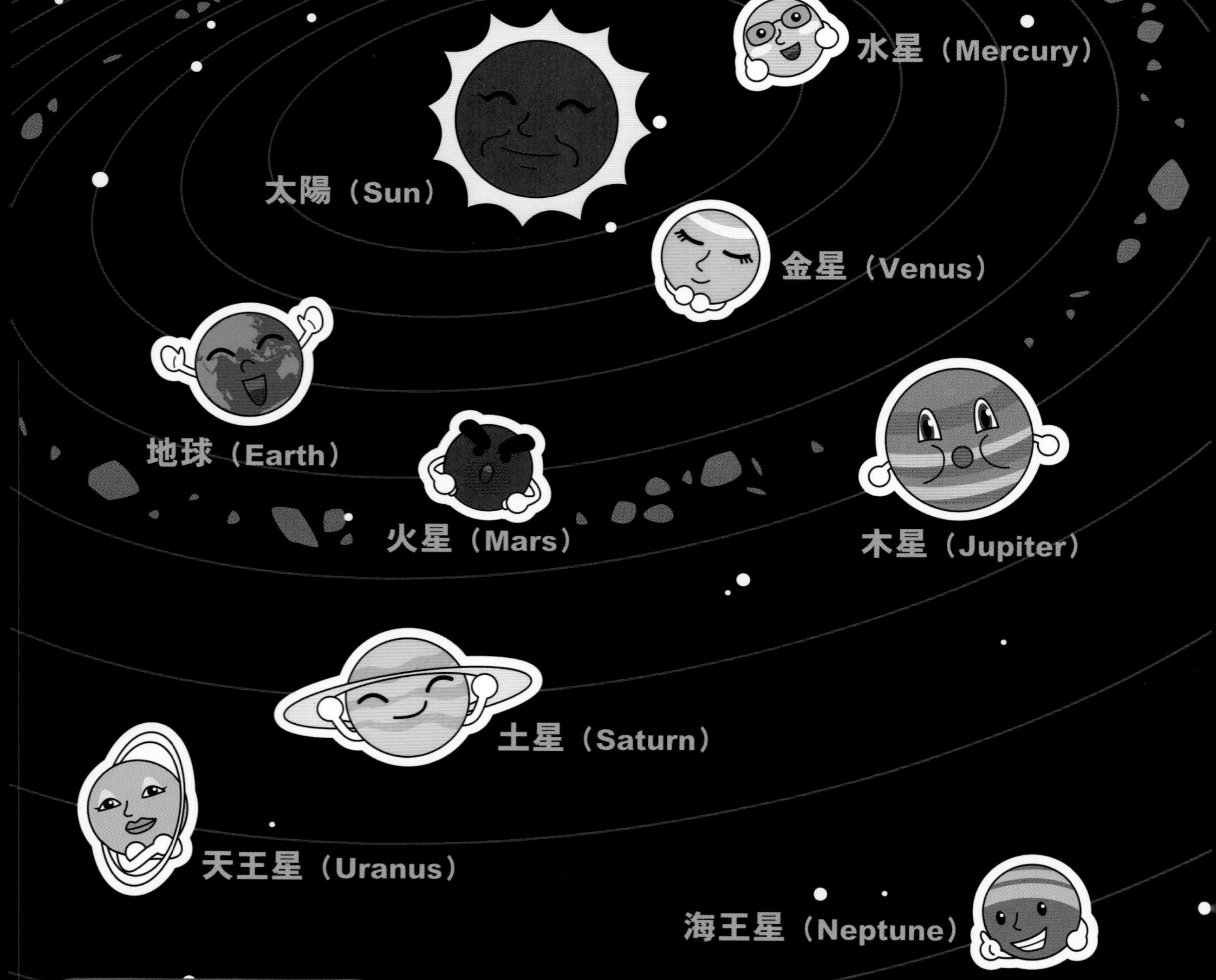

行星的定義

隨着愈來愈多圍繞太陽公轉的天體被發現，國際天文聯會於2006年作出議決，給太陽系行星作出以下3大定義：

1. 圍繞着太陽公轉的天體；
2. 質量足以維持近乎圓球形的靜態平衡；
3. 清除軌道附近的物質，其軌道上沒有其他大小相近的天體。

根據定義，太陽系共有8大行星。而冥王星就被趕出家門，不再屬於行星類別。

相片提供：NASA、International Astronomical Unio

8大行星

8大行星可分為三大類，分別是類地行星（Terrestrial planet）、類木行星（Gas giant）和冰巨行星（Ice giant）。

類地行星（岩石行星）

主要由岩石外層及金屬核心組成。這類行星擁有固態表面，體積較小，密度較大，自轉速度較慢。當中以地球最大。

水星（Mercury）— 體積最細

（直徑：4879公里，約地球三分之一。）

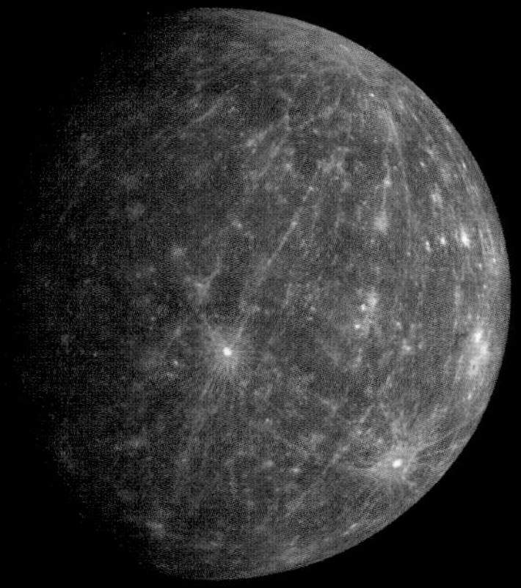

- 最接近太陽的行星。
- 日間溫度高達 430 ℃，晚間低至 -180 ℃。
- 表面佈滿由隕石撞擊而成的環形山。

金星（Venus）— 充滿熱力

（直徑：12104公里，與地球大小相若。）

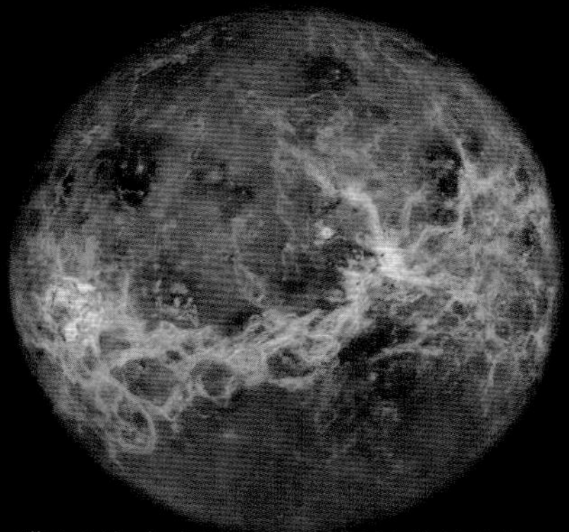

- 擁有濃厚的大氣層，溫室效應極強，溫度可高達 460 ℃。
- 大氣壓力極高，是地球的90多倍。
- 逆向自轉，可看到太陽西升東落現象。

地球（Earth）— 我們的家

（直徑：12756公里）

- 表面70%是水，擁有陸地和大氣層。
- 有生命存在。
- 自轉軸傾斜23°，形成季節變化。

火星（Mars）— 紅沙滾滾

（直徑：6794公里，約地球一半。）

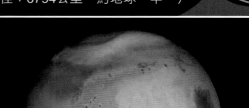

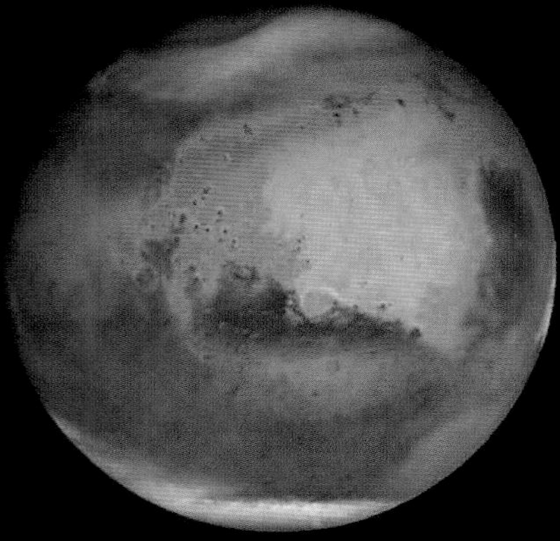

- 遍地都是紅色的土壤和岩石，令星球呈火紅色。
- 每年都會刮起大風沙，風沙足以蓋過整個表面。
- 擁有大氣層及季節變化。

類木行星（氣體行星）

主要由氫與氦組成。這類行星沒有固態表面，體積較大，密度較小，自轉速度較快。當中以木星最大。

木星（Jupiter）-巨大星球

（直徑：142985公里，約地球11倍！）

- 太陽系最大的行星。
- 表面有明暗相間的彩色雲帶，和著名的大風暴大紅斑。
- 經常發生閃電及極光現象。

土星（Saturn）-漂亮的光環

（直徑：120536公里，約地球9.5倍！）

- 擁有由冰微粒和塵土組成的土星環。
- 表面常刮起大風暴。
- 密度只有約0.7g/cm^3，若能把它放在水中，它會浮起。

冰巨行星

一般由比氫和氦重的元素組成，例如天王星和海王星，主要由氨、水和甲烷混合而成，科學家稱之為「冰」。具有固態表面，其體積、密度和自轉速度在類地行星和類本行星之間。

天王星（Uranus）-滾動的車輪

（直徑：51118公里，約地球4倍。）

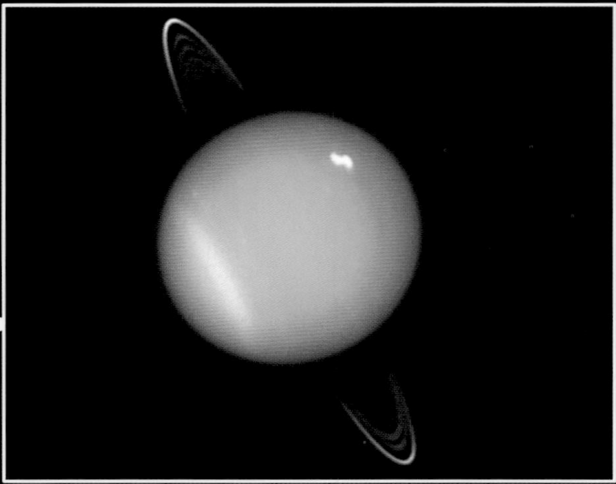

- 自轉軸與軌道面差不多平行，像滾動的車輪。
- 擁有由黑暗粒狀物質組成的天王星環。
- 表面覆蓋着濃厚的大氣層，甲烷令星球呈藍色。

海王星（Neptune）-最強烈風暴

（直徑：49528公里，約地球4倍。）

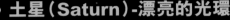

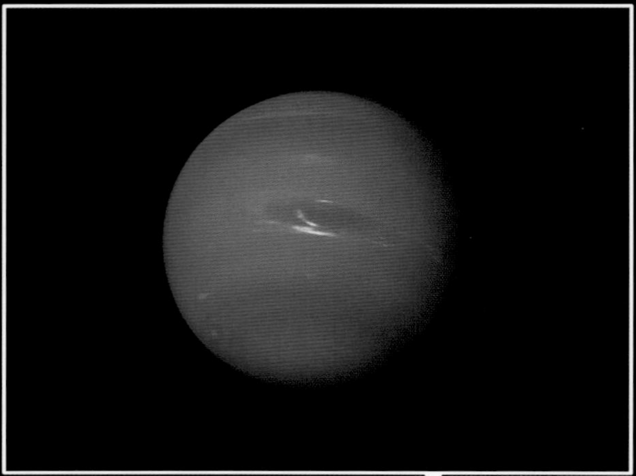

- 最遠離太陽的行星。
- 擁有大風暴區域大黑斑。
- 擁有太陽系中最強風暴系統，風速可達到超音速至2100km/h。

製作方法

認識到 8 大行星後，我們就製作「8 大行星戰棋」進行遊戲競賽吧！

材料

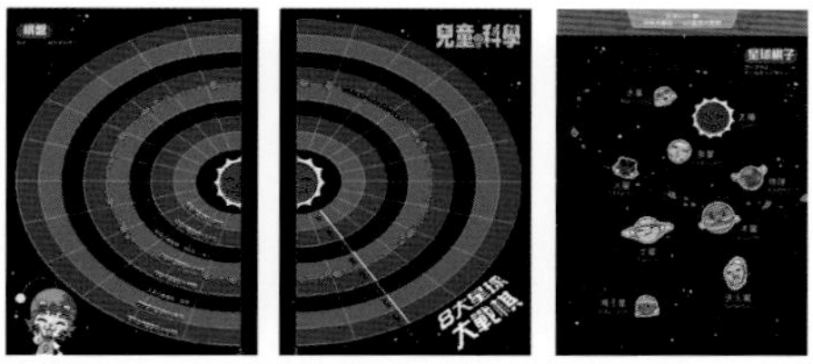

P.67-72紙樣

剪刀

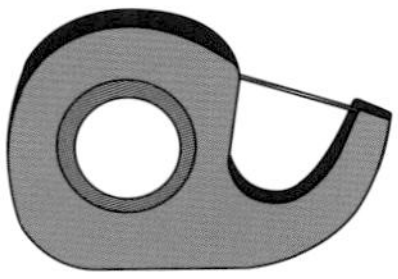

膠紙

骰子

step 1 製作棋子

用剪刀將P.71的星球沿實線剪出，作為棋子。

step 2 製作棋盤

將P.68及P.69剪出，用膠紙併合作為棋盤。

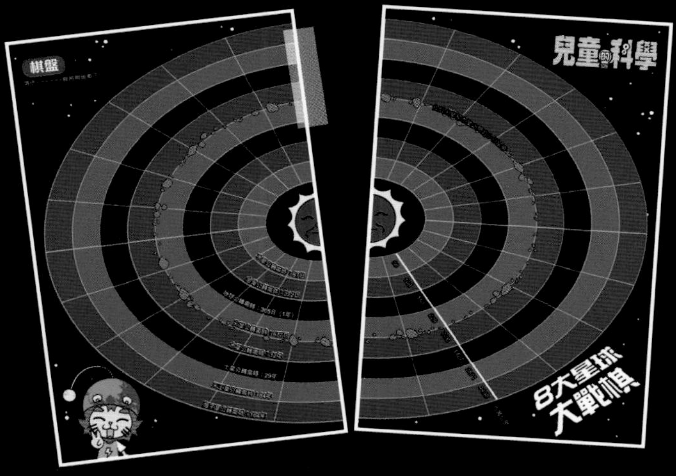

step 3

將 8 大行星棋子依正確次序排列在棋盤上，自備一顆骰子準備進行比賽！

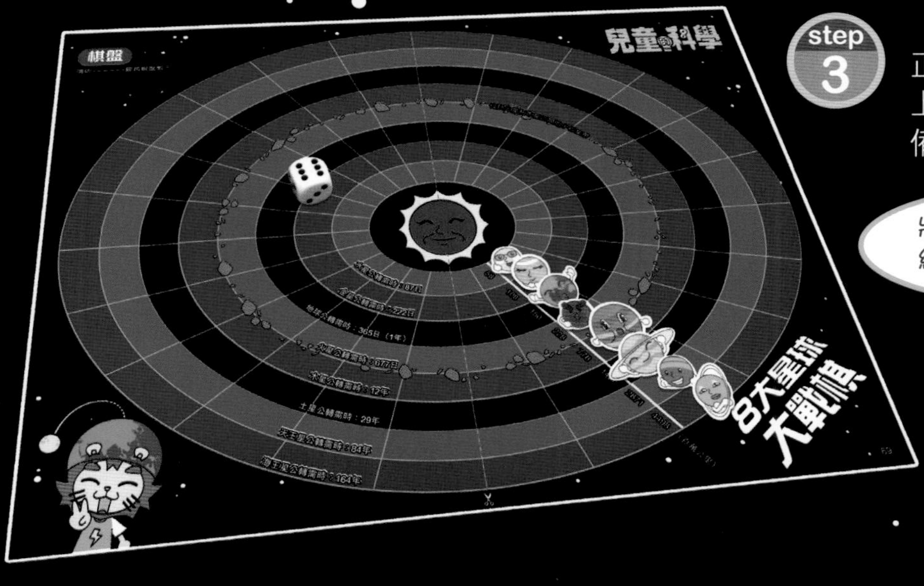

玩法

① 行星賽跑（2~8人）

各自選好一顆或多顆行星，輪流擲骰，按點數移動行星，誰的行星最快完成公轉一圈（或自訂圈數）便算勝出。

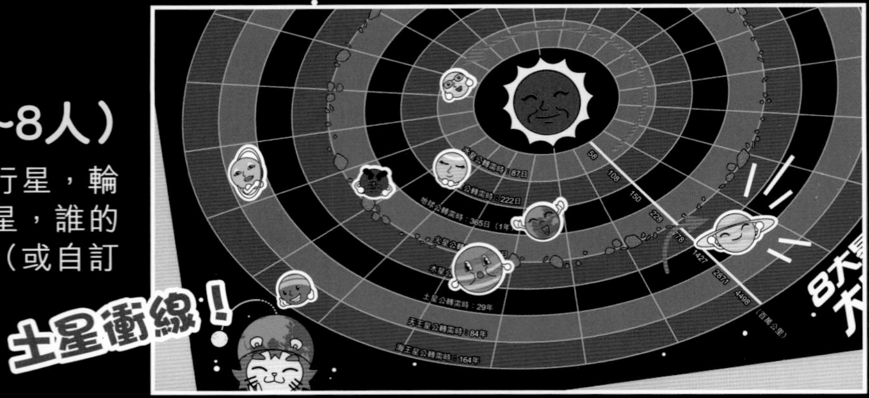

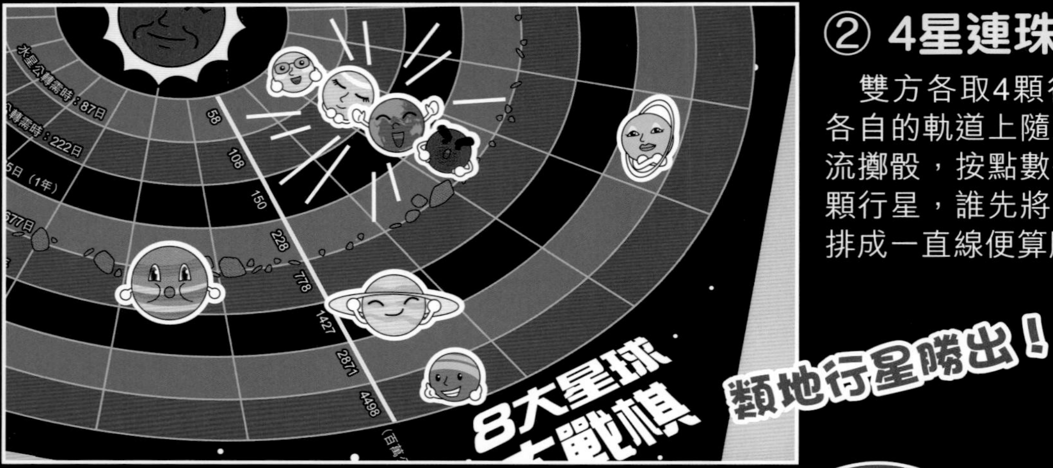

② 4星連珠（2人）

雙方各取4顆行星，先在各自的軌道上隨意擺放。輪流擲骰，按點數每次移動一顆行星，誰先將自己的行星排成一直線便算勝出。

③ 行星「排好隊」（2~8人）

↓利用一半棋盤，先將行星隨意放在海王星軌道每個格子上。

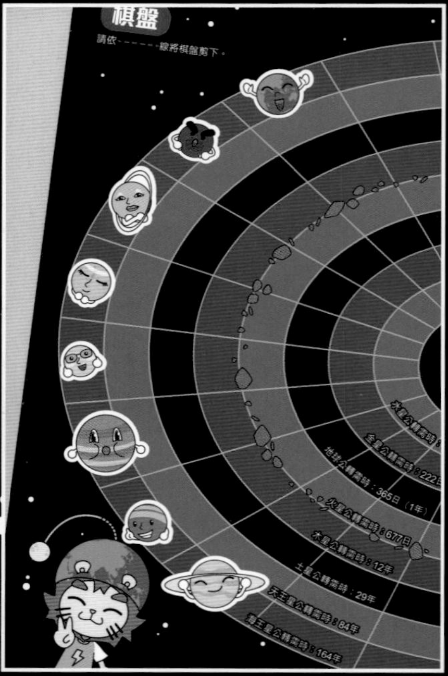

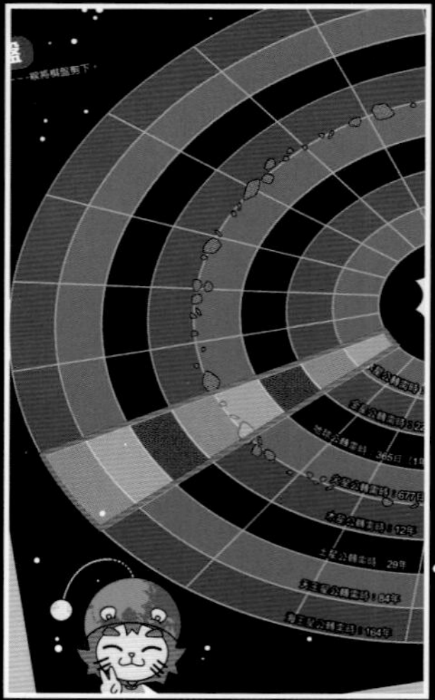

↑選好目標直行。

→輪流擲骰，按點數移動任何一顆行星，行星到達正確位置後不能移動。誰將最後一顆行星移到正確位置便算勝出。

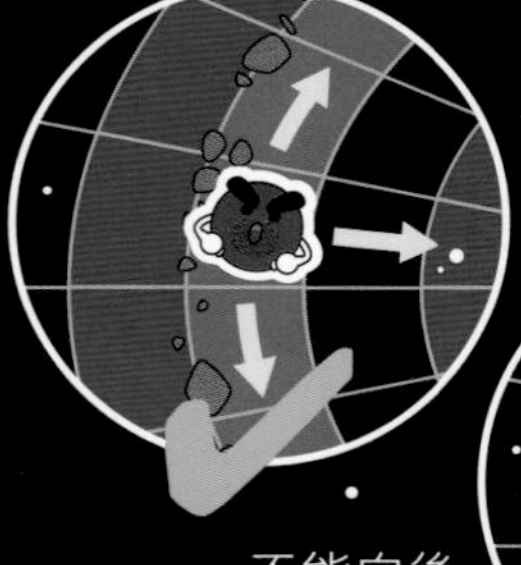

←只能向前或左右移動。

→不能向後移動。

2

生物

棲息地大追縱

動物地球儀

大嘴鳥、柴犬、馴鹿、中華白海豚……
你知道牠們來自哪裏嗎？
牠們的家鄉究竟是在地球上的哪個地方？
就讓「動物地球儀」一一告訴你吧！

製作難度：★☆☆☆☆　製作時間：約 1小時

動物的家鄉：棲息地

棲息地（又名生境，habitat）是指擁有適合的自然條件，讓物種（species）生長和生活的地方，也就是動物的家鄉。有些動物會共用同一處棲息地，形成群落生境（biotope）。

但城市化*、污染和工業發展等問題卻使全球的棲息地日益減少，令動物瀕臨絕種。

*城市化（urbanization）：城市人口不斷增加，令城市的規模向鄉郊擴張。

Photo Credit: "2011-02-06 Toras. Vilarromarís-2" by Luis Miguel Bugallo Sánchez (Lmbuga) / CC BY-SA 3.0

↑由於人類過度砍伐樹木，令全球熱帶雨林的覆蓋率鋭減至6%，亦令不少動物面臨絕種。

人類過度發展，
使動物連住的地
方也沒了！

→冰川是北極熊的棲息地，但溫室效應促使冰川融化，直接危及北極熊的生存。

Photo Credit: "Endangered arctic - starving polar bear" by Andreas Weith / CC BY-SA 4.0

動物小檔案

大嘴鳥 Toucan

Photo Credit: "Toucan at the National Aviary" bySchubert 667 / CC BY-SA 4.0

又長又大的嘴巴有助摘取高處的果實進食。

棲息地：南美洲熱帶雨林

我也想有
大嘴巴呢。
鸚鵡

馴鹿 Reindeer

Photo Credit: "20070810-0001-strolling reiudeer" by Alexandre Buisse (Nottfold) / CC BY-SA 3.0

唯一雌雄都長角的鹿科動物，每年會換角一次。

棲息地：北極及周邊凍原地帶草原

牛
你的角很
漂亮啊！

皇帝企鵝 Emperor Penguin

皮下有一層二至三厘米厚的脂肪，在嚴寒下仍能保持身體溫暖。

棲息地：南極及附近島嶼

Photo Credit: "Emperor penguins (1)" by lin padgham / CC BY 2.0

大熊貓 Giant panda

全身披滿黑白色的毛髮，有一雙「黑眼圈」。食物主要是竹子。

棲息地：中國西南部森林

家貓

Photo Credit: “Giant panda at Vienna Zoo” by RobertG / CC BY-SA 3.0

Photo Credit: “Pink Dolphin” by Takoradee / CC BY-SA 3.0

中華白海豚 Chinese white dolphin

原名為印度太平洋駝背豚，小時候身體為烏黑色，成年後呈粉紅色。

棲息地：香港沿海等淺水地

火雞 Turkey

體型較一般家雞大，沒有雞冠，頸項上也沒有羽毛。

棲息地：北美洲林地

Photo Credit: “Turkey on path” by Dan Smith / CC BY-SA 2.0

家雞

埃及貓 Egyptian Mau

唯一有天然豹紋的家貓，毛色多為銀灰色。

棲息地：埃及

Photo Credit: “Egyptian Mau Bronze” by Liz west / CC BY 2.0

柴犬 Shiba inu

是中國松鼠犬與日本紀州犬的混種，身手靈活，常被訓練作捕獵犬。

棲息地：日本

德國牧羊犬

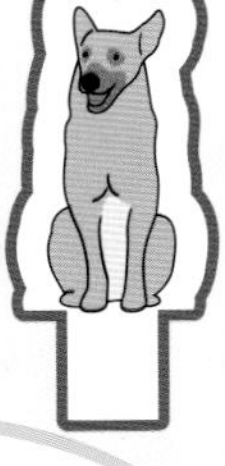

製作方法

材料

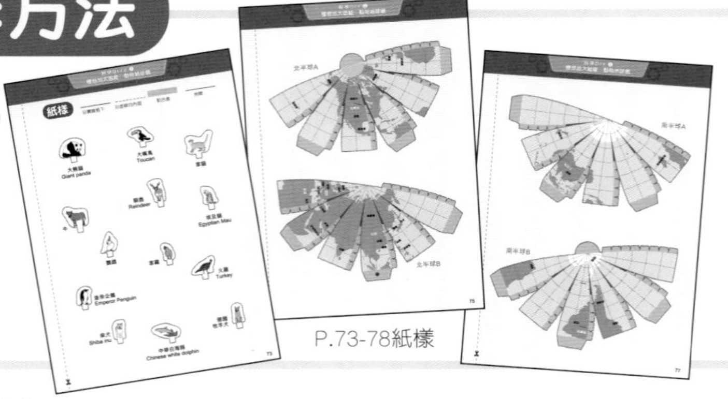

P.73-78紙樣

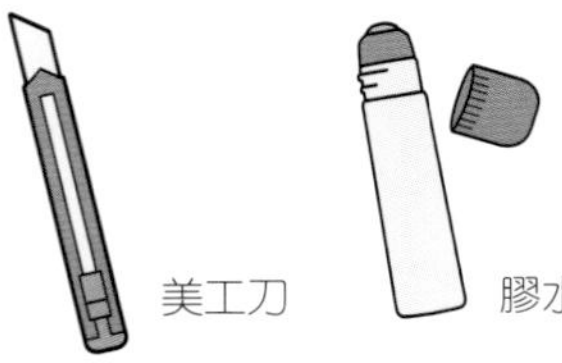

動物標籤

使用紙樣

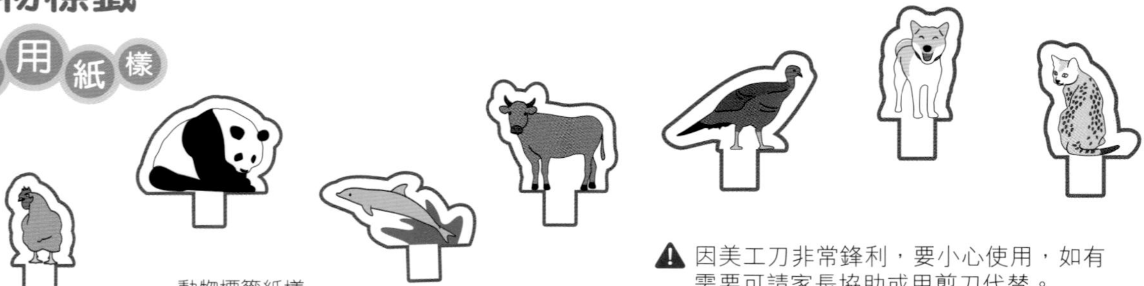

動物標籤紙樣

⚠ 因美工刀非常鋒利，要小心使用，如有需要可請家長協助或用剪刀代替。

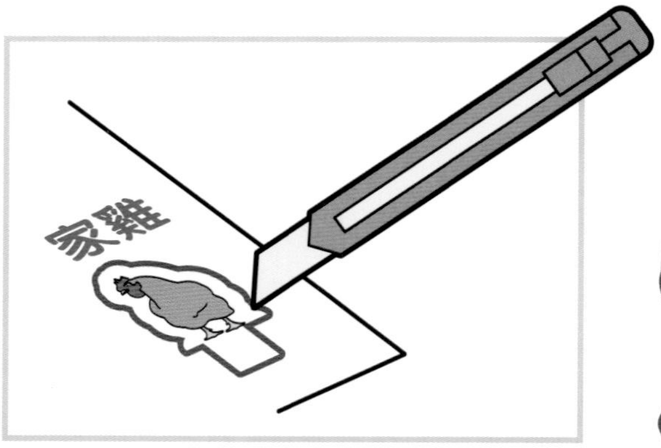

↑ 沿線𠝹出P.73的各種動物的標籤。

動物標籤大集合！

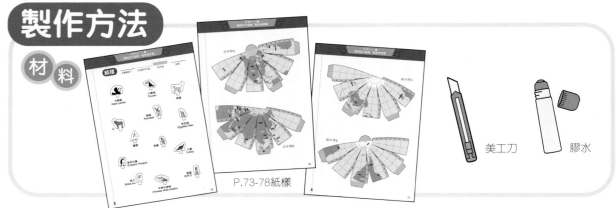

如果剪下來後忘記了牠們是甚麼動物，可重看前頁的「動物小檔案」啊！

地球儀

使用紙樣

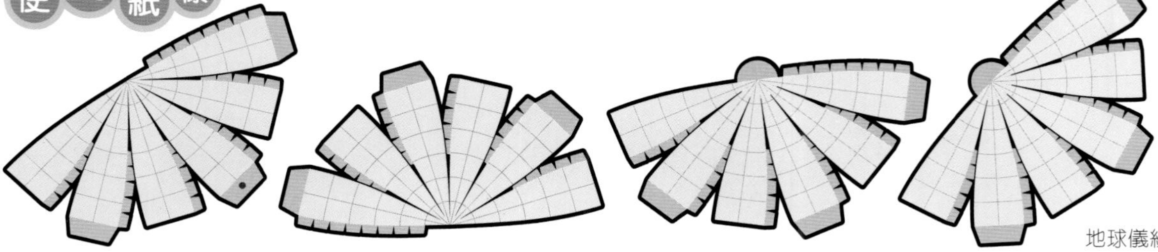

地球儀紙樣

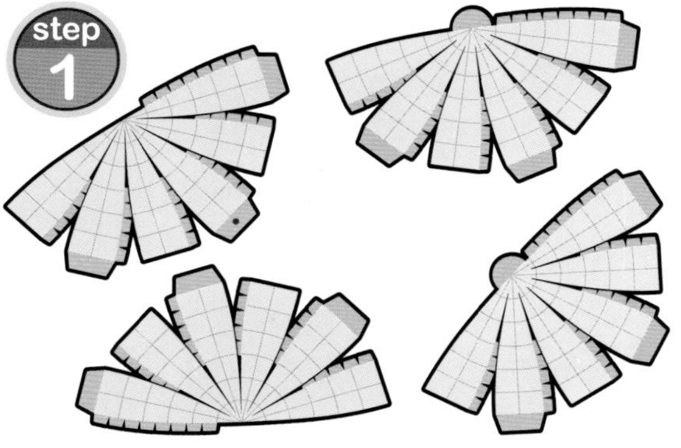

↑沿線剕出P.75、77的4張地球儀紙樣。

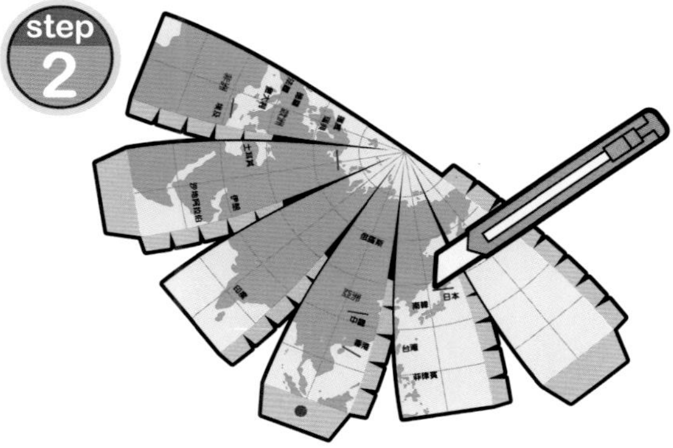

↑在4張紙樣上的紅線 —— 位置剕開小開口。

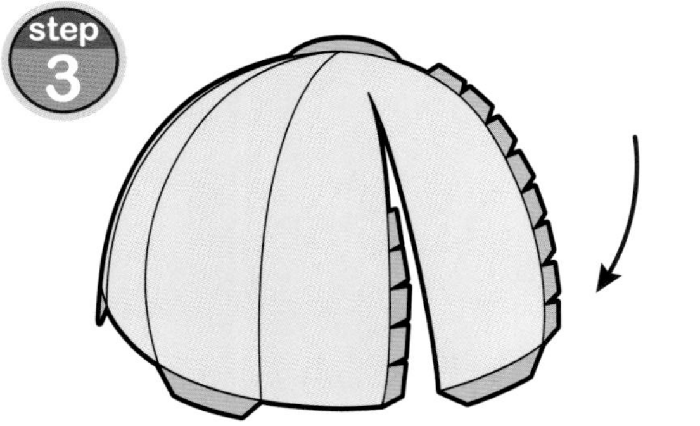

↑把南、北半球的A和B紙樣各用膠水接合。

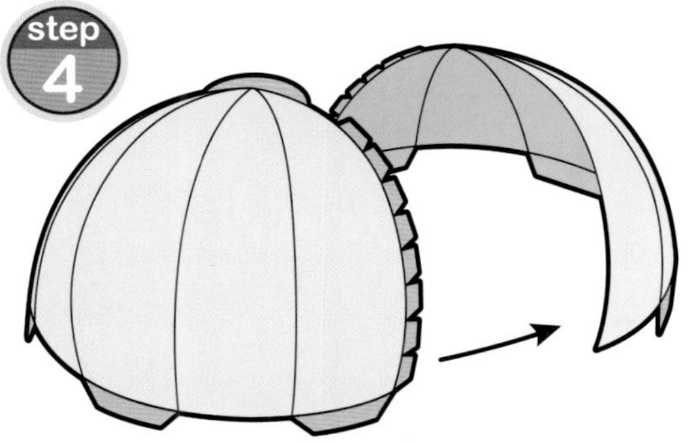

↑把紙樣屈曲，用膠水貼成兩個半球體。

step
5

依據北半球紙樣底部的紅點標記，對準南半球紙樣內的紅點貼好，組成球體。

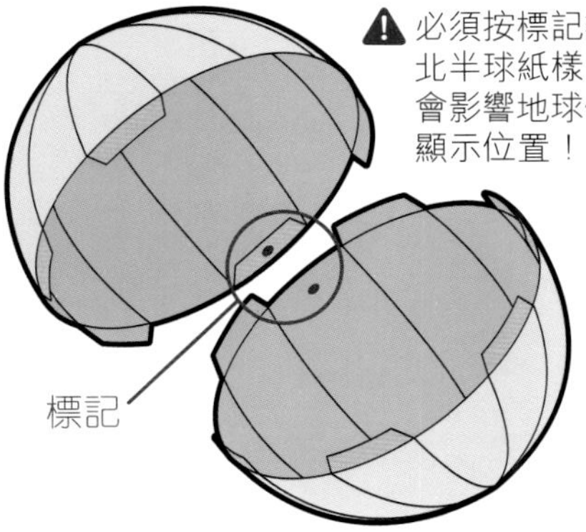

⚠ 必須按標記黏貼南北半球紙樣，否則會影響地球儀正確顯示位置！

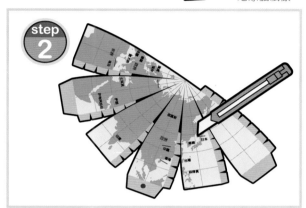

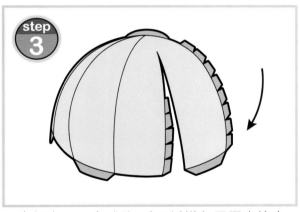

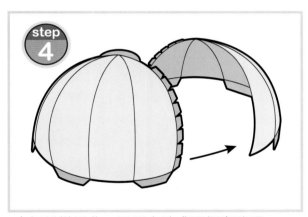

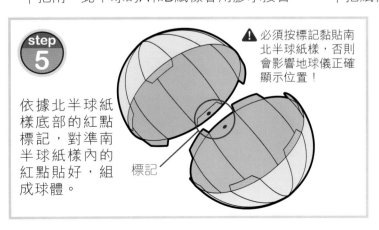

動物地球儀使用法

例：大熊貓
棲息地：中國西南部森林

↑根據小檔案資料，把適用的動物標籤插入地球儀上適當的小開口內。

地球儀清楚顯示了不同動物的分佈！

我們不如用動物地球儀來玩遊戲吧！
怎樣玩？

玩法：動物要回家！（2人或以上）

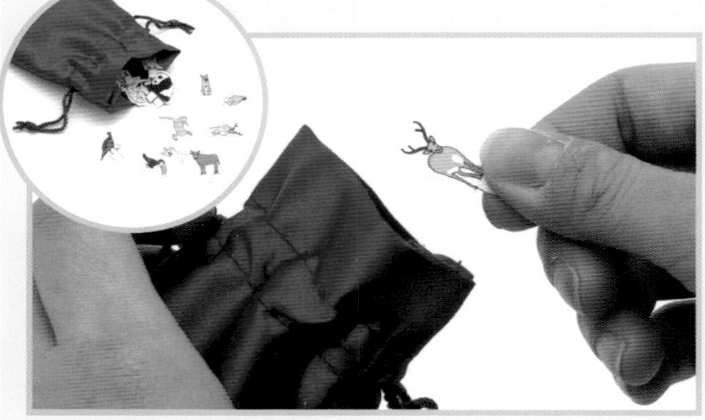

↑把動物標籤放在小布袋中，然後輪流取出，看看能否把適用的標籤插在地球儀正確的開口上。

↑如抽出了不適用的標籤，便要等待下次機會了。誰能把最後一枚正確標籤準確的插上地球儀便算勝出！

不是所有動物標籤都能在地球儀上找到棲息地的啊！

還可以改成答中最多的人勝出，或自創出其他玩法！

1 2 4
8 16 32
數學

拼拼砌砌學數學

巧妙七巧板

頓牛除了喜歡吃，也喜歡砌模型。
阿龜米德老師看到頓牛最近的數學成績有了進步，
決定送他一盒既益智又色彩繽紛的「模型」給他。

製作難度：★★☆☆☆　製作時間：約 45 分鐘

甚麼是七巧板？

七巧板（Tangram）分別由五塊大小不一的三角形、一塊正方形和一塊平行四邊形的板塊組成。其實它是我國的一大發明，大約在明、清兩朝間出現，然後流傳至日本及歐洲。

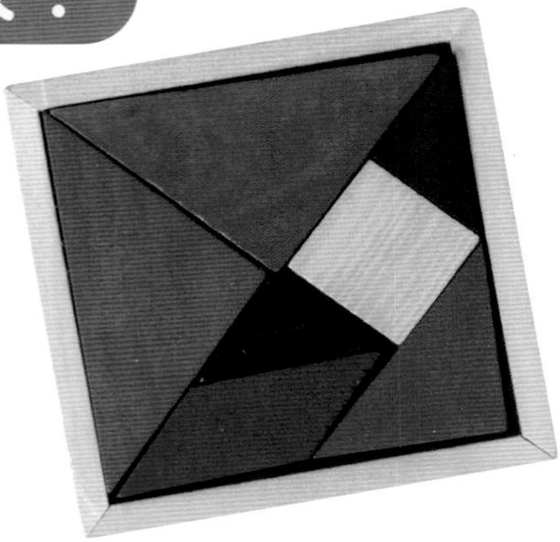

從古到今，七巧板都是學習數學中形狀概念和分析的工具，從拼砌中可了解各圖形的特性。到了現在，人們更從中創造出四巧板、五巧板和九巧板等，拼砌出更多元化的圖案呢！

製作方法

材料

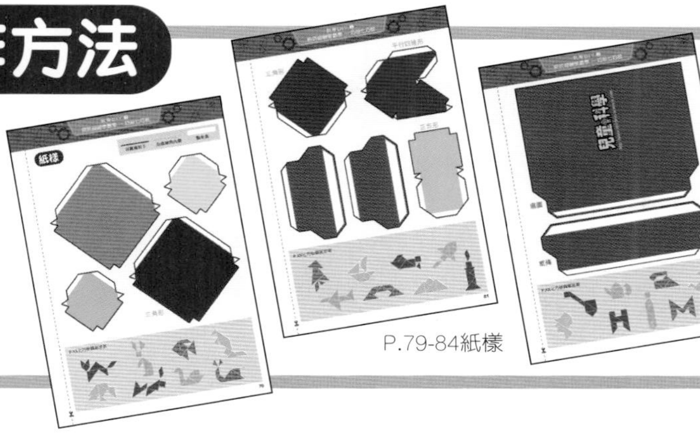

P.79-84紙樣

剪刀

膠水

板塊

使用紙樣

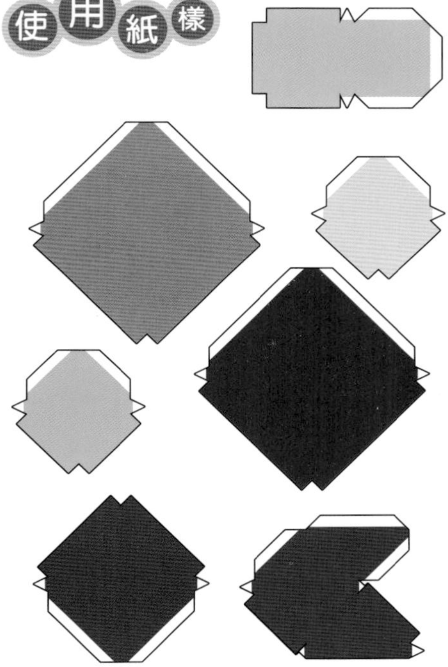

板塊紙樣

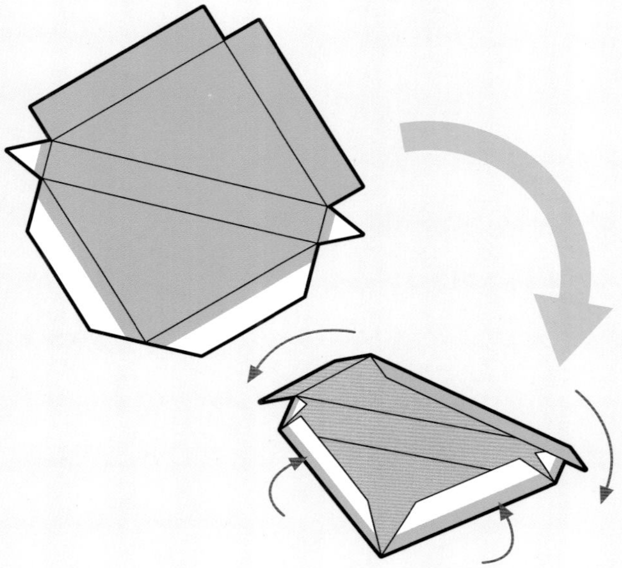

沿實線剪下各板塊紙樣，依虛線摺合，並將切口貼於相應的黏合處。

摺好後的板塊就
是這七個了！

正方形1個

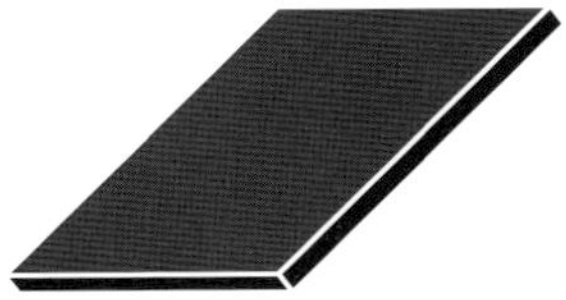

平行四邊形1個

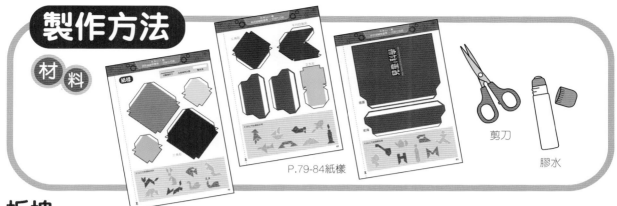

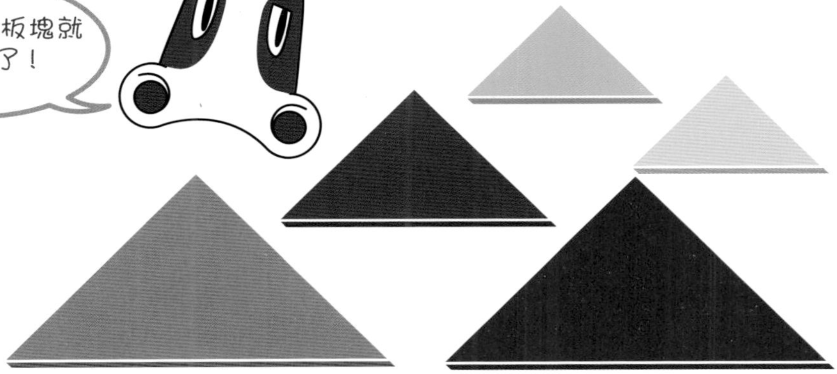

不同大小的三角形5個

框盒

使用紙樣

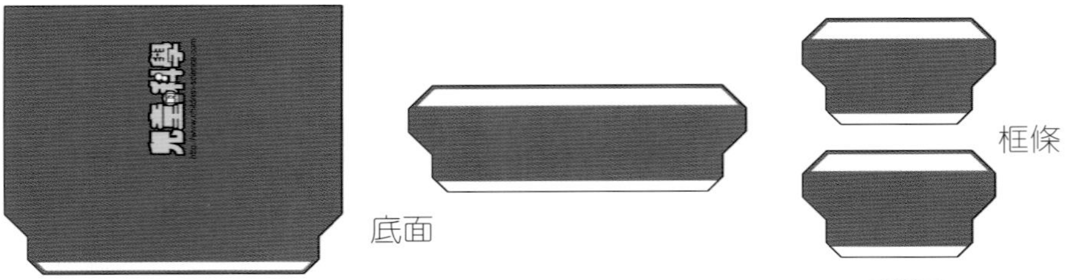

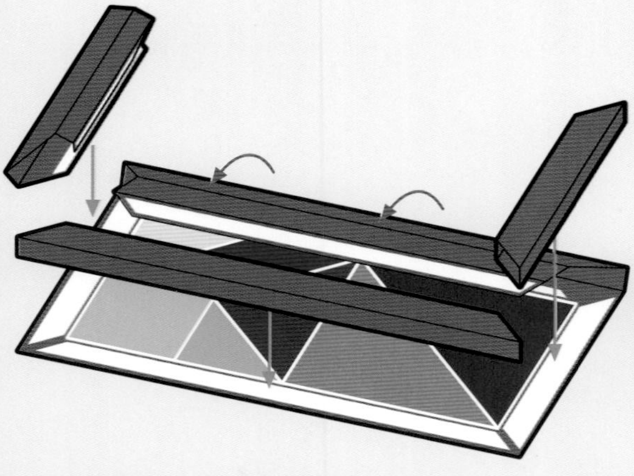

沿實線剪下框條和底面紙樣，依虛線摺合各框條，並貼於底面紙樣周邊。

完成！

七巧板的邊長和面積

各板塊的邊長和面積如下：

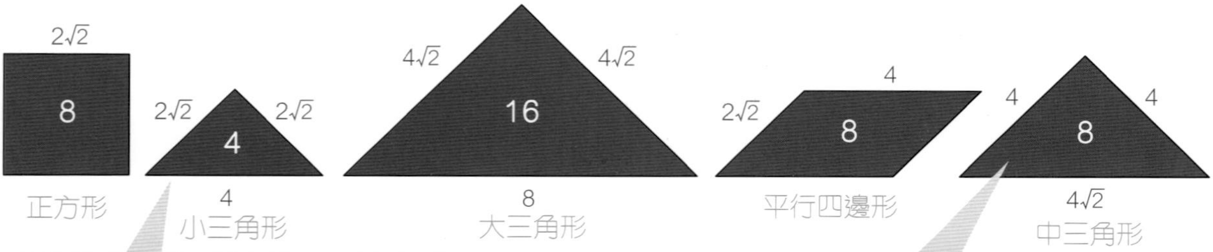

邊長

紅色字的就是邊長，單位是cm。

「√」這符號很少見吧，它叫「平方根」，與平方相反，例如：

$$a^2=b \rightarrow a=\sqrt{b}$$

如化為小數，$2\sqrt{2}$約等於2.83，$4\sqrt{2}$約等於5.66。

面積

白色字的就是面積，面積就是平面圖案佔的範圍，單位是cm^2。

如每格的邊長是1cm，1格的面積就是$1cm^2$。中三角形佔8格，所以面積就是8 cm^2。

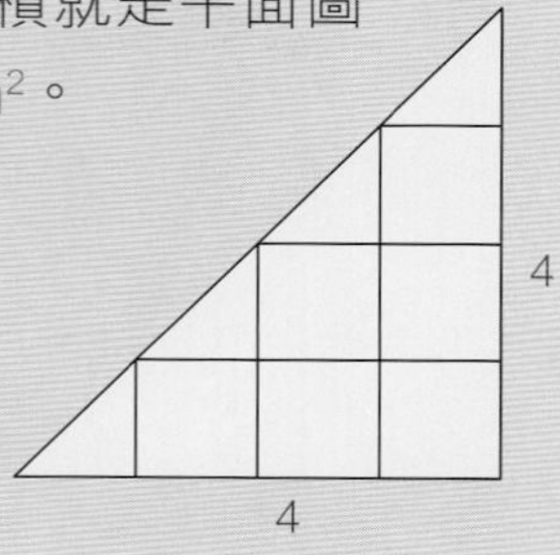

智拼七巧板

利用七巧板中不同形狀的板塊，就可以拼砌出各樣的圖案！

哈哈！我拼出了不同動物的樣子呢！你能猜到牠們是誰嗎？

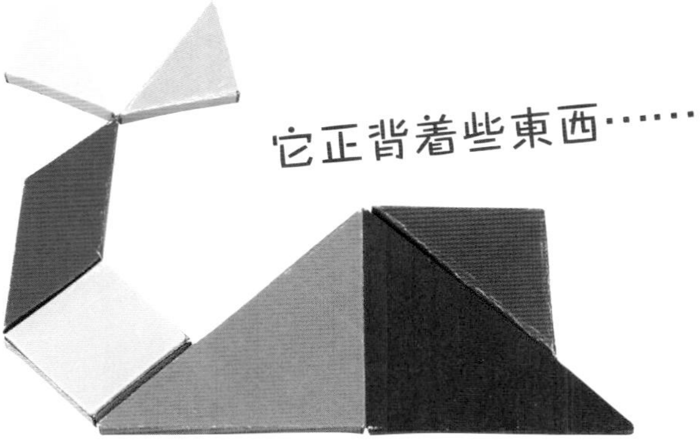

它正背着些東西……

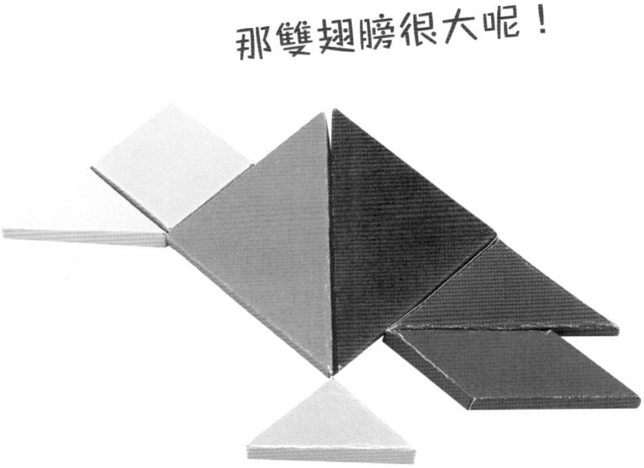

那雙翅膀很大呢！

看它頭上
那長長的耳朵，
還不是……

七巧板說故事

運用七巧板板塊的靈活改動，甚至可製作連環圖說故事呢！

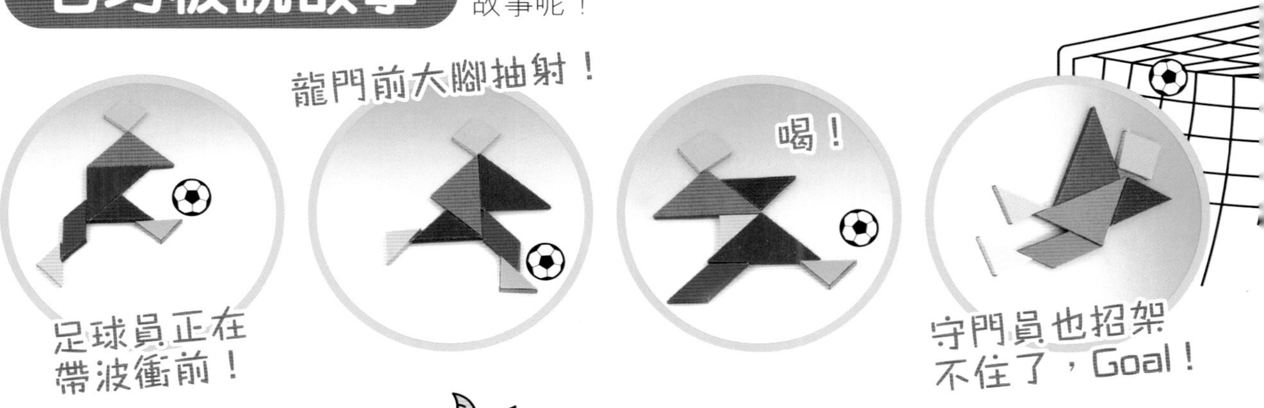

龍門前大腳抽射！
喝！
足球員正在帶波衝前！
守門員也招架不住了，Goal！

後頁還有更多圖案可作參考。
你們懂得計算每個圖案的邊長和面積嗎？不會的話可請教老師啊！

七巧板圖案

圖案的答案在P.79-83，你們還可發揮想像力，創作新圖案。

貓

兔子

金魚

袋鼠

禿鷹

狐狸

天鵝

蝸牛

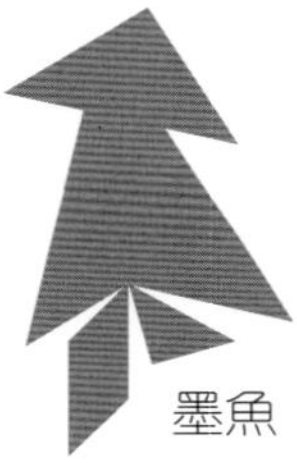

墨魚

帆船

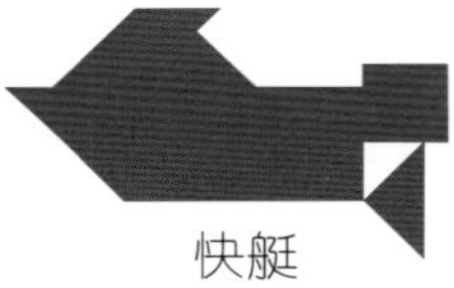

快艇

火箭

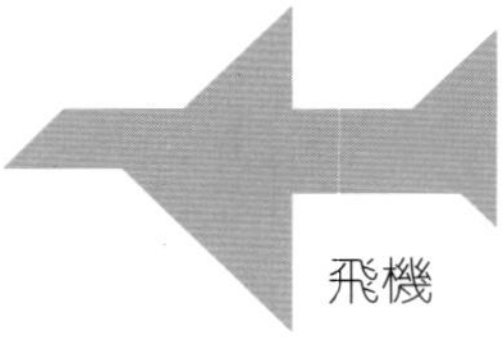

飛機

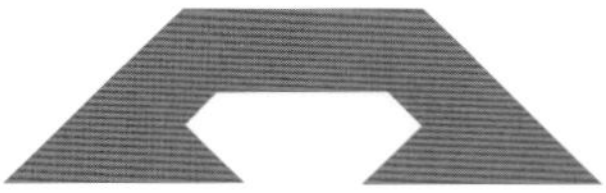

橋

山

蠟燭

煙斗

茶壺

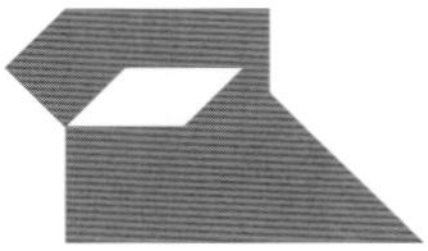

熨斗

跑步的人

帶帽的人

H

i

M

科學DIY2
4

地理
物理

復活島大冒險

摩艾像搖搖木

2010年智利發生的大地震，造成嚴重人命傷亡，而地震觸發的大型海嘯，
更衝擊著名的復活島，幸好當地居民緊急疏散。
但島上神秘的摩艾像則損失慘重……
愛因獅子和居兔夫人乘直升機到復活島考察災情，竟發現了一個
DIY摩艾像搖搖木，是人們為保祐復活島而設的嗎？

這些DIY摩艾像為甚麼有點似曾相識的？
兒童的科學

製作難度：★★☆☆☆　製作時間：約 1小時30分鐘

復活島在哪裏？

復活島（Easter Island）是智利屬地，位於智利以西約3700公里的南太平洋上。它於1772年的復活節星期日（耶穌受難日後兩天）被荷蘭人發現而命名。復活島有兩座死火山，火山岩隨處可見。

Photo Credit: "Ahu Tongariki" by Rivi / CC BY-SA 3.0

復活島上的摩艾像

復活島上有六百多座刻工精細的奇怪巨型石像摩艾像（Moai），至今仍不清楚它們的起源！

2010年2月27日，智利發生黎克特制8.8級強烈地震，觸發大型海嘯衝擊復活島，令島上的摩艾像損失慘重。

摩艾像揭祕

復活島上有600多座奇怪的摩艾像，它們每個都有深深的眼窩、長鼻和長臉，而且木無表情，大部分都背海站立着。

究竟它們代表甚麼呢？會不會是外星人製造的？未必！考古學家推斷，摩艾像極大可能是由古時住在島上的波利尼西亞人，約於公元1250至1500年間雕製的，代表他們的祖先，或當時地位崇高的人。

Photo Credit: "Plataforma ceremonial Ahu Akivi - Isla de Pascua" by Jantoniov / CC BY-SA 3.0

↑唯一面向海的摩艾像群。

↑火山口附近的摩艾像。

摩艾像如何製造？

由於多數不完整的摩艾像都在火山口附近發現，因此考古學家推斷摩艾像的雕刻工場位於該處。工人先將挑選好的火山岩弄濕，然後利用石鑿子雕製。估計一個摩艾像由5至6人，至少花1年以上時間完成，非常費時費力！至於完工後如何將沉重的摩艾像搬到海岸一帶，至今是一個謎！但相信古人是運用木橇或滾輪等工具協助的。

不同的摩艾像

摩艾像平均高7米，重約50噸。考古學家發現原本每個摩艾像都有眼珠，不過日久掉下了，因此只剩下深深的眼窩。摩艾像有些是完整的人像，有些有肩膀及手臂，有些還保留着眼珠，有些像蹲着的樣子，有些甚至有帽子！究竟它們不同的造型有甚麼意思呢？至今亦是一個不解之謎！

雖然復活島受到破壞，但我們仍可
到日本九州的「SunMesse日南」
主題公園觀看摩艾像。那裏有全球
唯一獲正式授權複製的摩艾像呢！
（網頁:www.sun-messe.co.jp）

Photo Credit: "Ahu-Ko-Te-Riku-2014" by Bjorn Christian Torrissen / CC BY-SA 3.0

↑一帶帽子及保留着眼珠，和少數像蹲着樣子的摩艾像。

Photo Credit: "Kneeled moai Easter Island" by Mbz1 / CC BY-SA 3.0

製作方法

材料

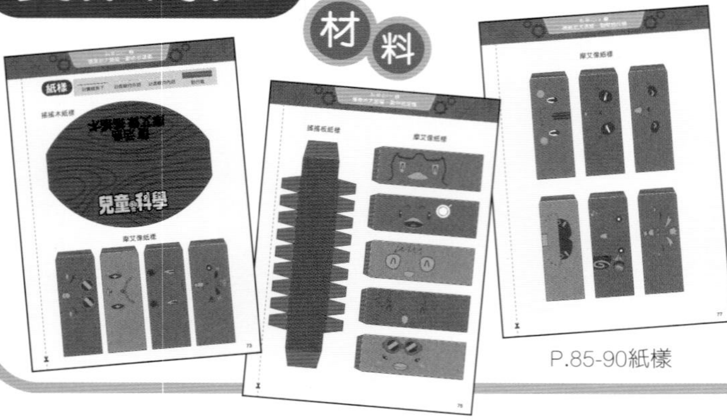

P.85-90紙樣

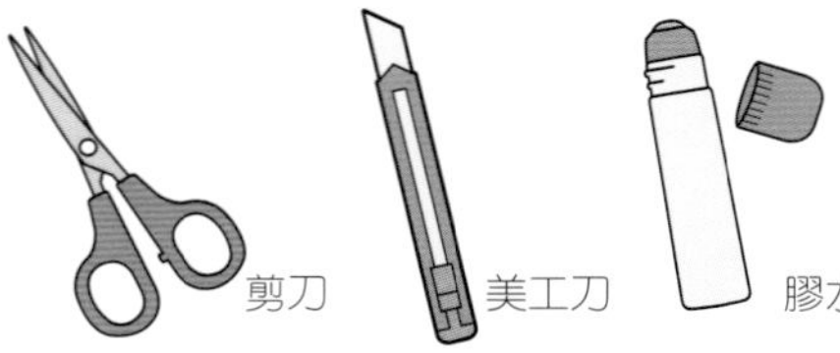

搖搖木

使用紙樣

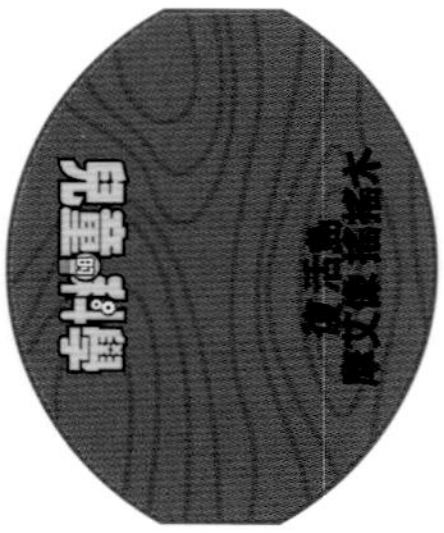

搖搖木紙樣

搖搖板紙樣

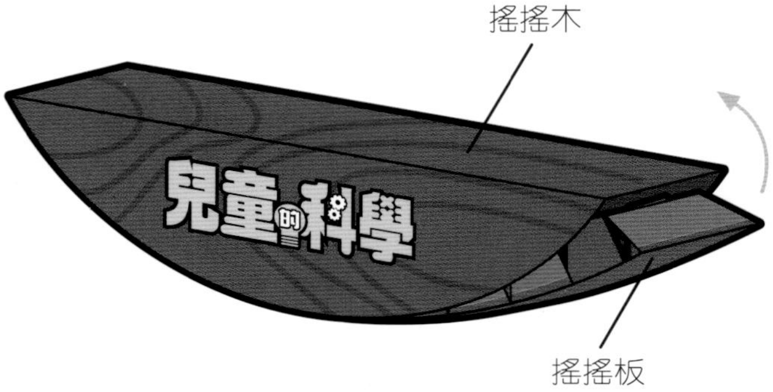

先剪出搖搖木及搖搖板紙樣，將它們摺好後，將搖搖板貼於搖搖木上。並測試能否正常搖擺。

摩艾像

使用紙樣

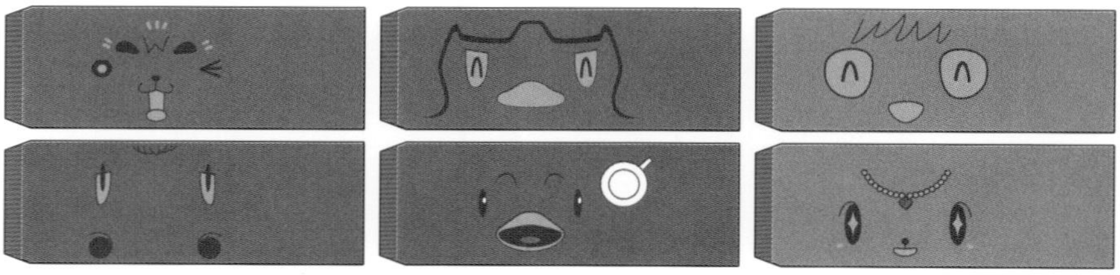

摩艾像紙樣

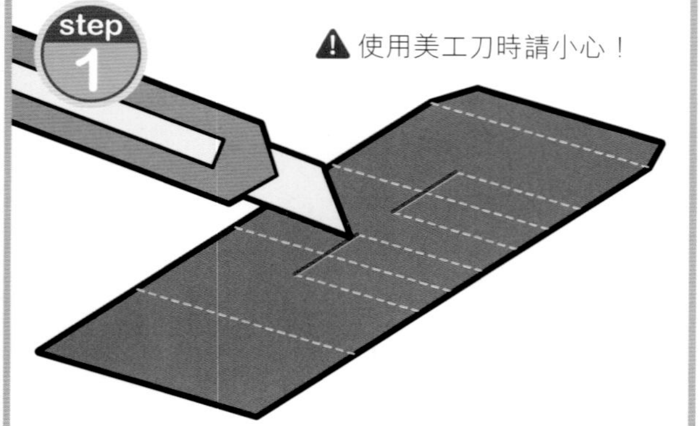

剪出共15個摩艾像紙樣，並用美工刀將紙樣上的紅線位置剟開。

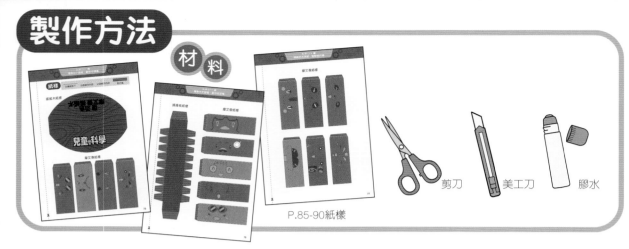

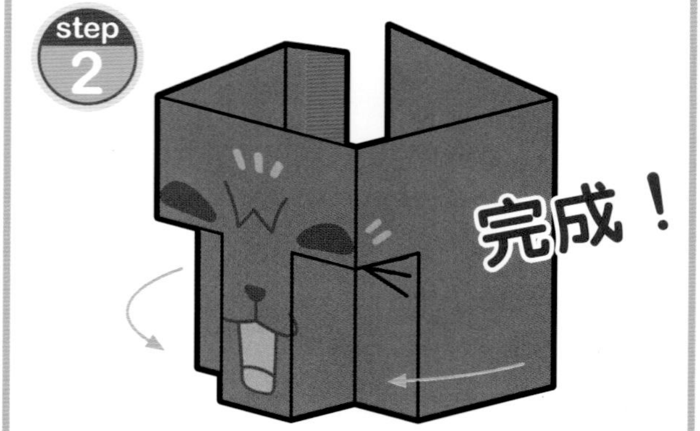

將摩艾像紙樣摺成四方柱體並貼好，之後將剟口下方部分沿虛線向內摺。

我們利用DIY摩艾像搖搖木進行比賽吧！

怎樣玩？

玩法 輪流將摩艾像一個一個放在搖搖木上。

誰令摩艾像倒塌便當輸。

誰放上最頂的摩艾像，並成功令15個摩艾像站在搖搖木上取得平衡便勝出！

輸！

勝！

如何令搖搖木取得平衡？

① 搖搖木底層最多可放 5 個摩艾像。也可將 1 個摩艾像放在 2 個摩艾像的頭頂中間位置疊高。

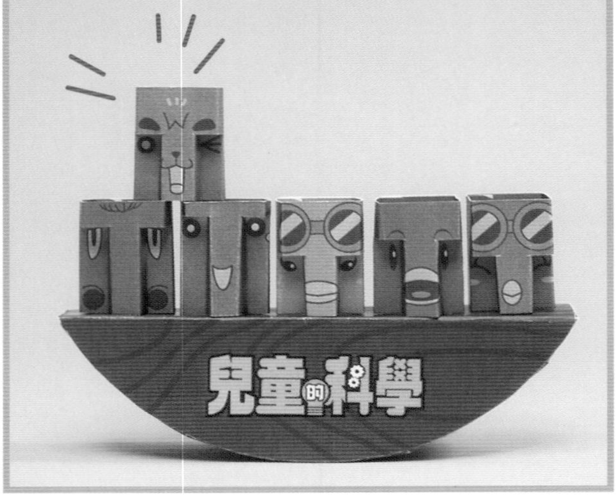

② 要令搖搖木取得平衡，兩邊的力矩需相等。力矩（torque）等於重力乘以重臂。摩艾像數目愈多，即重力愈大；或摩艾像的位置距離支點愈遠，即重臂愈大，都會增加力矩。

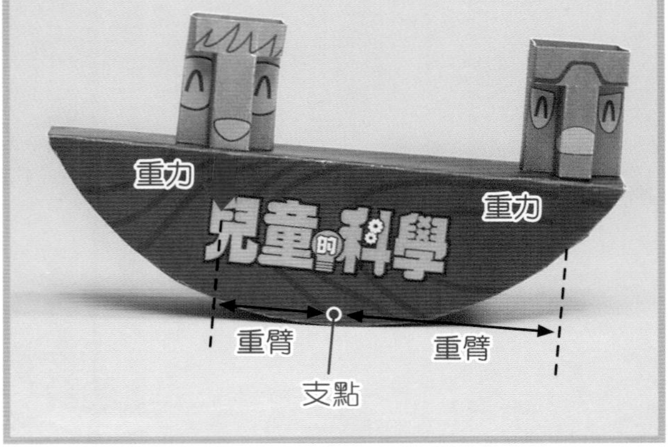

③

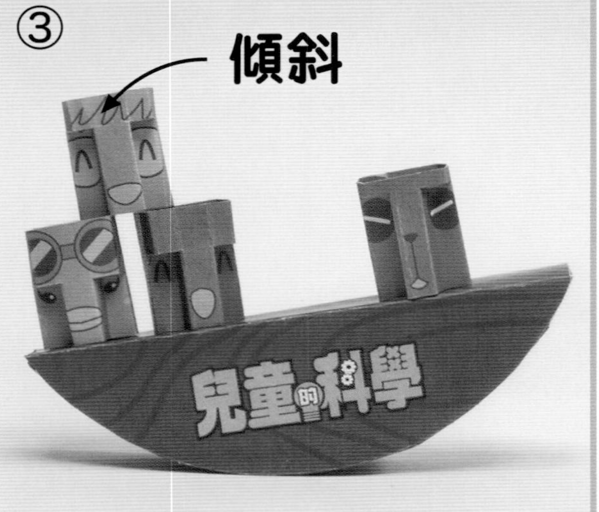

若兩邊的力矩相差太大，搖搖木會傾向力矩較大的一邊，甚至倒塌！

④

因此需令兩邊的力矩相同，才可繼續疊上摩艾像。

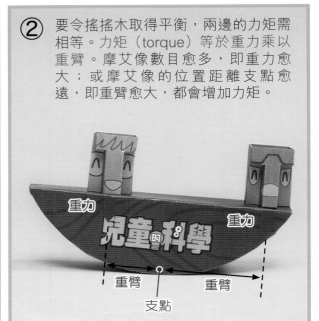

原來力矩是這麼重要的。

對，下次我會排亂一點，來增加難度啊。

物理

重量小馬戲
翻滾爬梯小丑

萬眾期待，兒科馬戲團的翻滾爬梯表演即將開始！小丑愛因獅子將會以完美的筋斗動作，從梯子上逐級翻落！你也想欣賞這項高難度表演嗎？自製一個翻滾爬梯小玩意吧！

製作難度：★★★☆☆　製作時間：約 45 分鐘

製作方法

工具

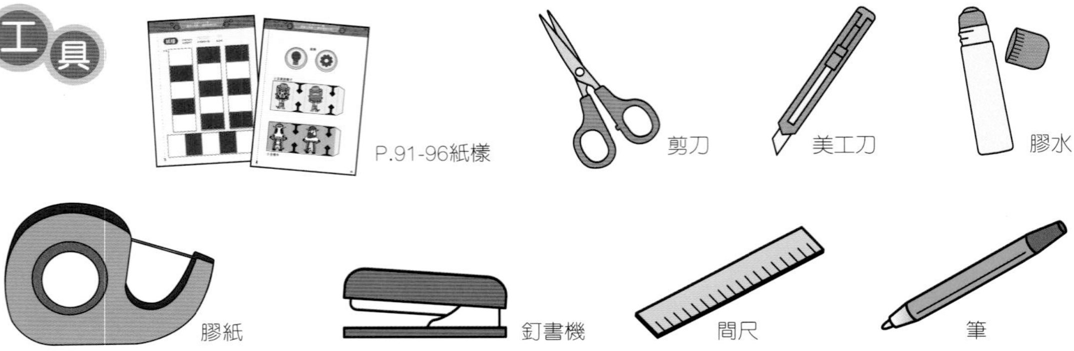

梯子和支架

材料

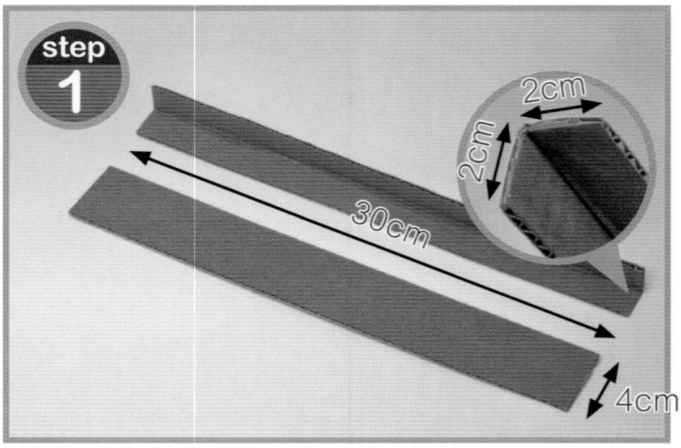

↑裁出兩條高30厘米、闊4厘米的瓦通紙條，然後在闊2厘米的地方摺曲，形成兩條L形支架。

↑在L形支架分別貼上裝飾紙樣。

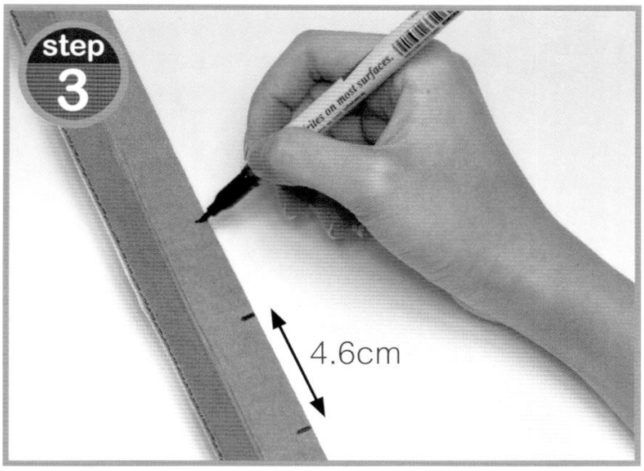

↑ 在L形支架背面，由底部開始每隔4.6厘米畫上記號。

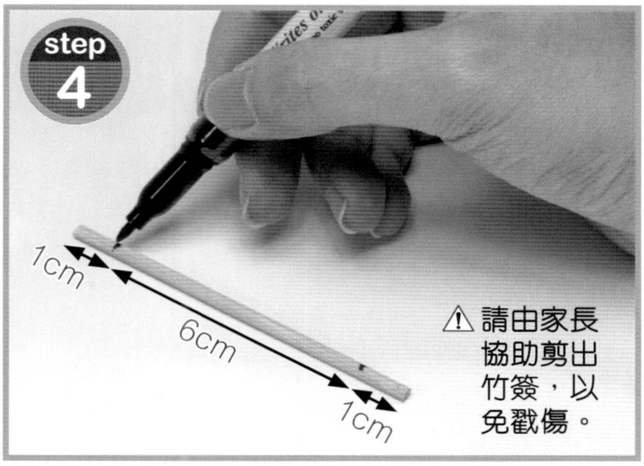

↑ 用剪刀剪出6枝8厘米長的竹簽，並用筆在距離兩端1厘米的位置畫上記號。

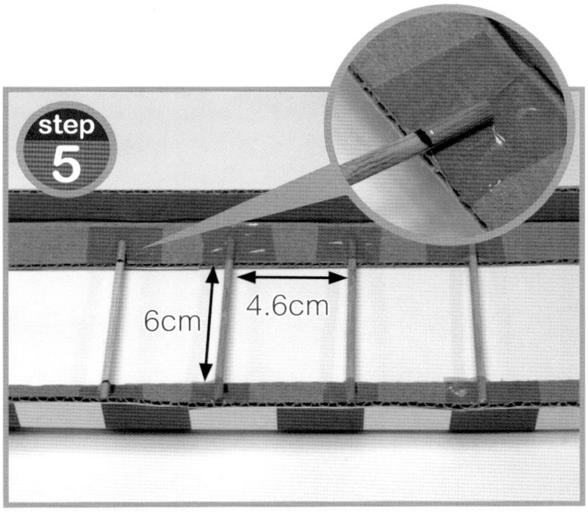

↑ 如圖用膠紙把6枝竹簽貼在記號之上、兩條支架之間。支架相距6厘米。

↑ 依三角形裝飾紙樣裁出瓦通紙。

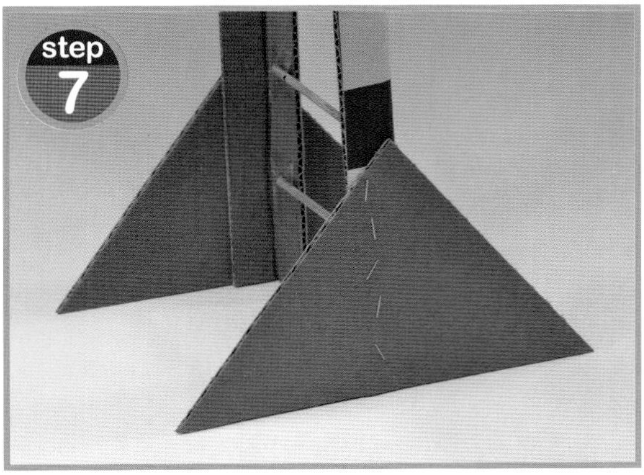

↑ 在兩條L形支架底部外側用釘書釘固定三角形瓦通紙。可用膠水黏貼輔助。

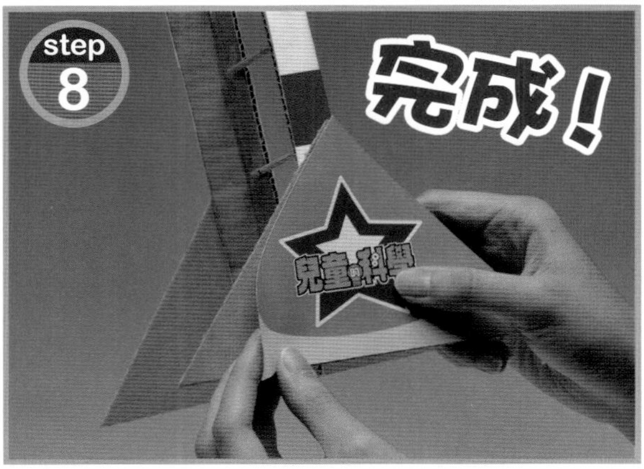

↑ 用膠水在三角形瓦通紙上貼上裝飾紙樣。

小丑愛因獅子

材料

小丑愛因獅子紙樣

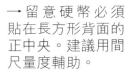

硬卡紙

5毫硬幣 ×2

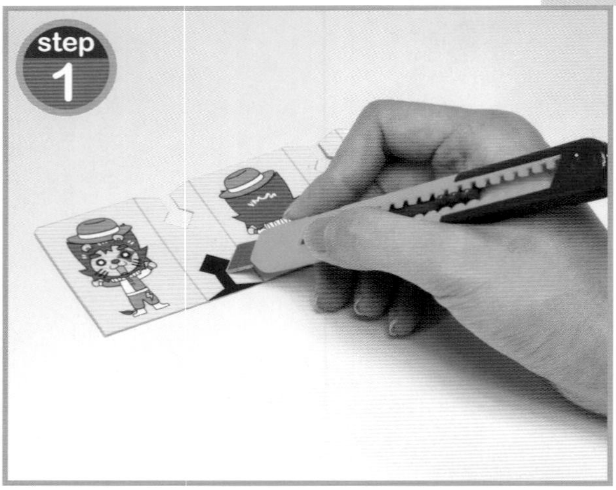

↑將小丑愛因獅子紙樣貼到硬卡紙上，用美工刀小心裁走多餘部分。

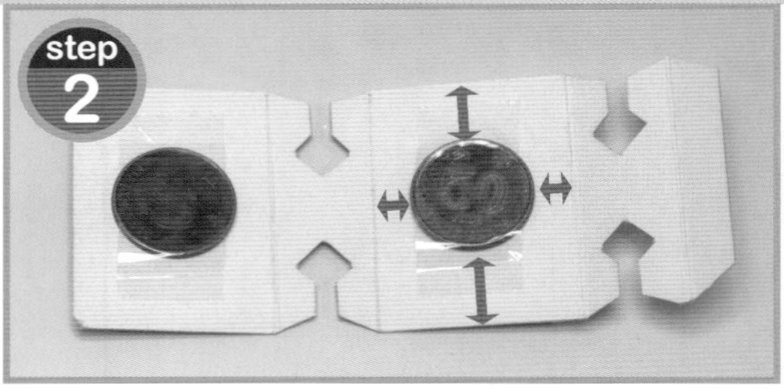

↑如圖用膠紙在卡紙背面貼上兩枚五毫硬幣。

→留意硬幣必須貼在長方形背面的正中央。建議用間尺量度輔助。

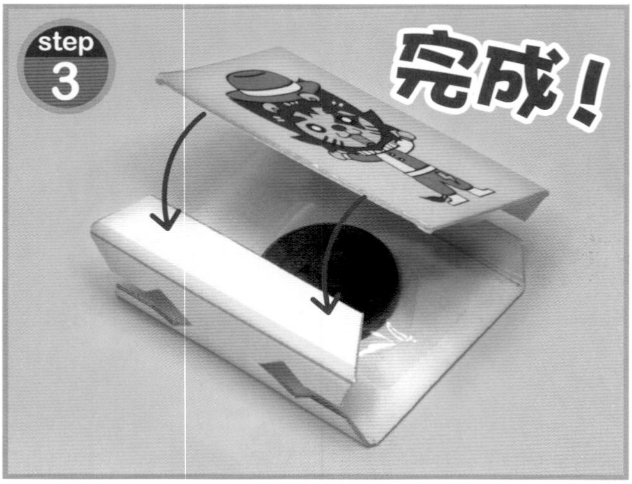

↑依線摺成長方體，並用膠紙貼好。

玩法

step 1
將小丑愛因獅子垂直地放在梯子最高的竹籤上，竹籤須穿進兩側的狹縫中。

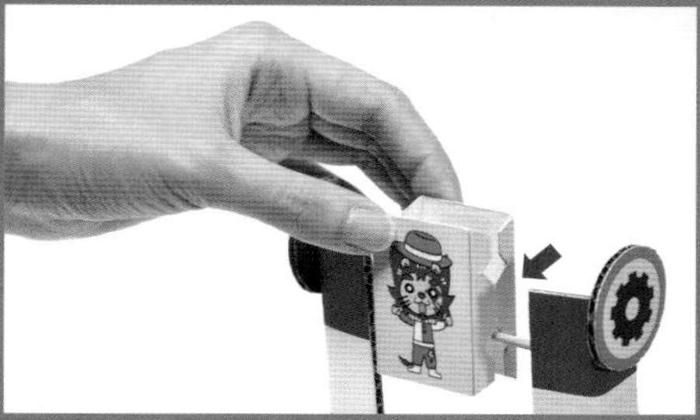

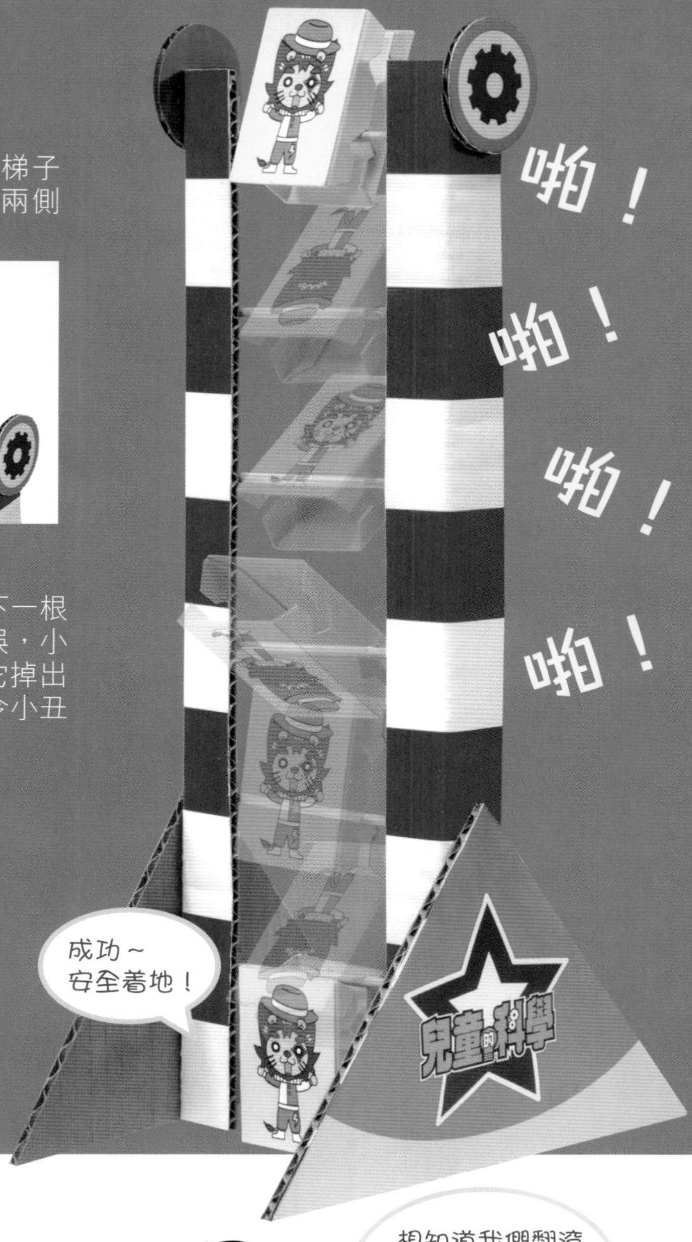

step 2
輕推小丑，讓它向前或後往下一根竹籤翻落。若竹籤的間距無誤，小丑會一直翻到梯子底部。若它掉出梯子外，就微調竹籤位置，令小丑愛因獅子順利完成表演吧！

← 也可換另一重量的小丑頓牛來玩！看看速度和動作會否改變？

啪！
啪！
啪！
啪！

成功~
安全着地！

如果仍然不行，可檢查硬幣是否貼在正中央。

想知道我們翻滾的原理，就揭到後頁吧！

翻滾爬梯小丑原理大公開！

強大的地心吸力

任何兩個物體間都潛藏着相互作用的吸引力，就連你我之間也不例外，只是它微小得令我們無法察覺而已。可是，若物體是相對龐大的地球，這股力量就會變得非常大，能把地球上的物件往地球中心吸去，它便是我們時刻感受着的重力（Gravity），或稱地心吸力。

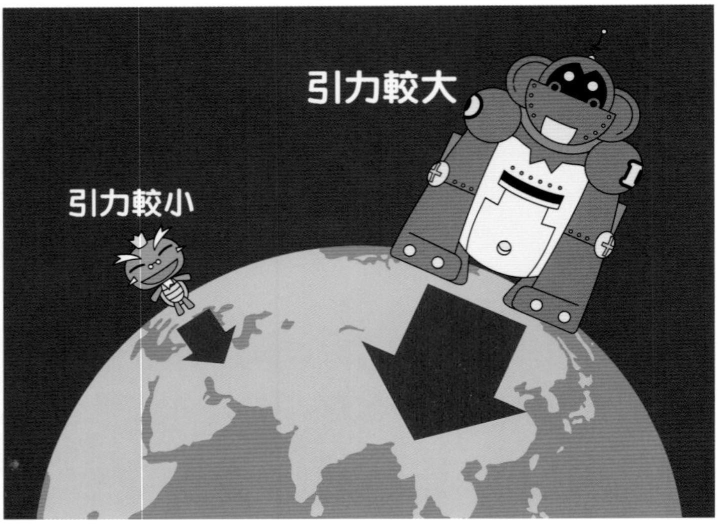

←地心吸力的大小和物體的質量成正比，物體愈重，引力愈大。而用來表示施加在物體上的地心吸力大小就是「重量」。

重心與小丑愛因獅子

物體重量分佈的平均點稱為重心。小丑的重心位於它的正中央，而支撐點則是竹簽和小丑的接觸面，位於重心正下方。只要輕推小丑，小丑重心便會偏離支撐點的垂直面，因失去平衡而翻轉掉落。

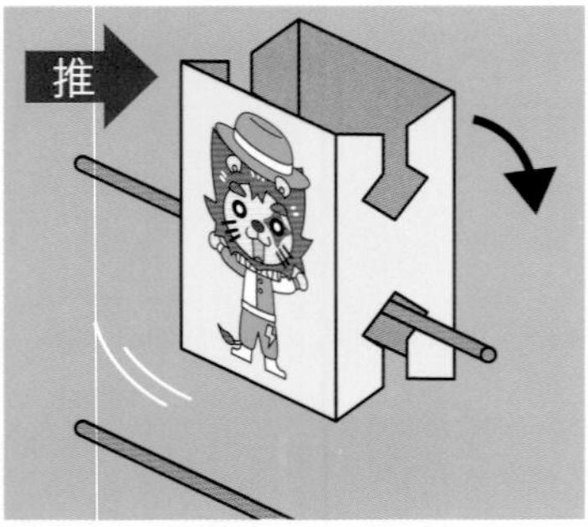

↑輕推小丑，小丑便會下跌。由於這時小丑的上端較重，重力較大，因此盒子會向後轉動。

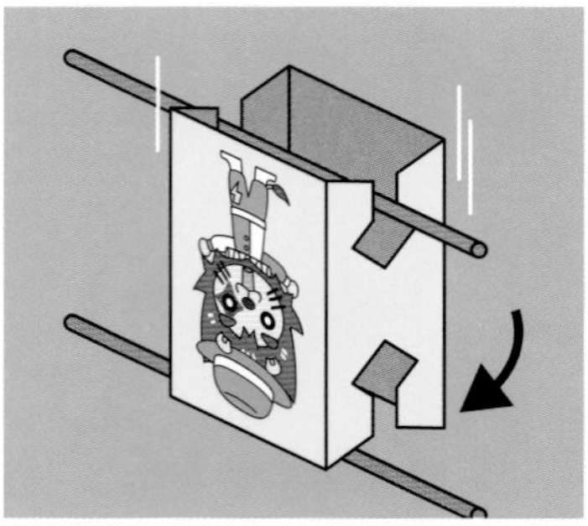

↑當盒子翻至約180°便會脫離竹簽，從狹縫垂直滑下，另一端的狹縫會剛好卡在下層竹簽上，並再次因慣性和重力而翻動。如此類推，一直到達梯子底部。

重現古代武器
小型投石器

達文西的藝術作品非常有名，其實他也是個厲害的天才科學家，
500多年前已設計了投石機、降落傘、直升機、機械人等。
愛因獅子決定要成為他的接班人，
效法達文西設計了一個兒科版桌上小型投石機。

製作難度：★★★☆☆　製作時間：約 2小時

投石器檔案

投石器在遠古時代的希臘和羅馬已經被用作攻擊武器，那時候的構造簡單而且小巧，士兵可以拿在手中投射，到後來才發展成重型武器。相比古時大部分以直射式攻擊的兵器（如槍、劍和矛），投石器突破性地以遠距離拋射方法攻擊，因此被認為是威力最強大的攻城武器之一。

←投石器是一種可以遠距離攻擊目標，但又不會引起爆炸的工具。

投石器在不同地區和時代發展成不同的外形。較為人熟悉的兩款是扭力投石器和配重式投石器。

Photo Credit: "Gonio Fortress (DDohler 2011)-41" by DDohler / CC BY 2.0

投石器射彈

在投石器初出現的時候，射彈是一個或多個巨石，用以擊破厚重的城牆。後來射彈還發展成火藥、利器等，來攻擊敵方士兵。

扭力投石器

扭力投石器以繩索或藤條的扭力作為投擲裝置，體積小、活動靈活，但威力較細。

一般情況下，扭力投石器的投石桿是直立的，桿的頂端會加上皮袋或改成勺子狀用來放置石彈，下端則垂直插在一條扭結得非常緊的水平繩索中間。發射台後方有一個絞盤，絞盤的繩索與投石桿頂端或勺子下方繫上。

Photo Credit: "Replica catapult" by Vonmangle / CC BY-SA 3.0

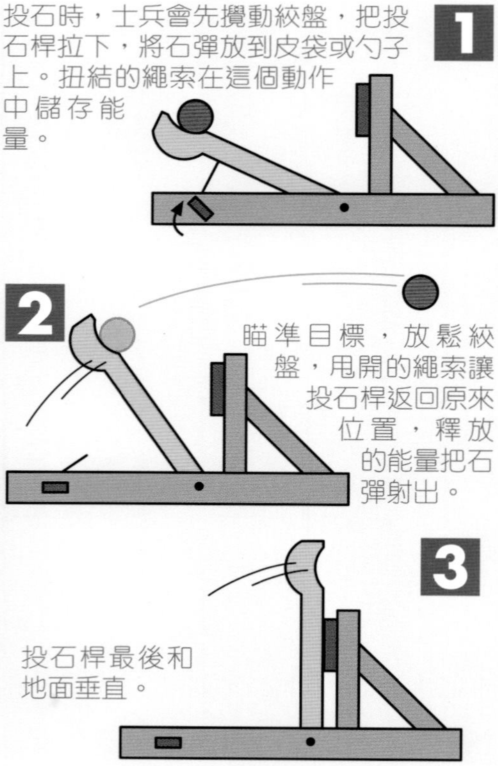

1
投石時，士兵會先攪動絞盤，把投石桿拉下，將石彈放到皮袋或勺子上。扭結的繩索在這個動作中儲存能量。
2
瞄準目標，放鬆絞盤，甩開的繩索讓投石桿返回原來位置，釋放的能量把石彈射出。
3
投石桿最後和地面垂直。

1

當投石器進入待發狀態，士兵會拉下繩索，在皮袋上放入石彈。

2

然後放開或切斷繩索，讓有重物的一端落下。

3

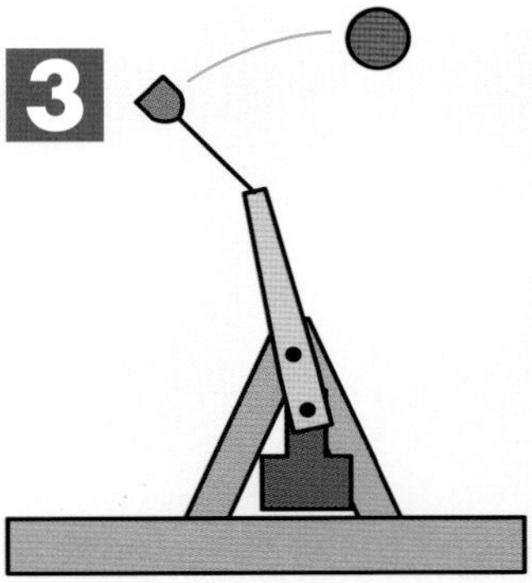

下墜時的位能轉為動能，把桿另一端的石彈順勢以45°投出。

4

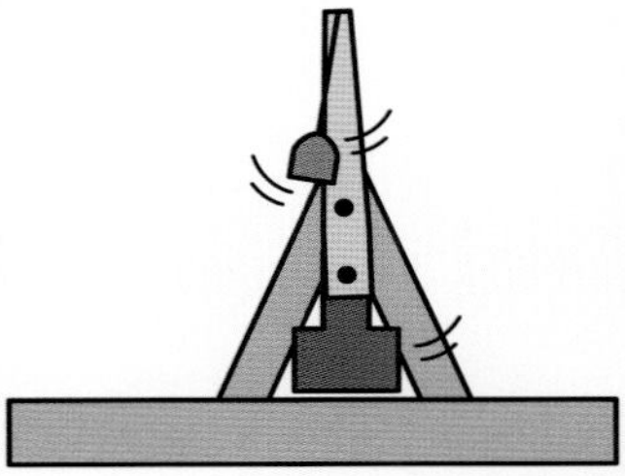

最後，重物的一端較重而垂下，指向地面。

配重式投石器

和扭力投石器不同，配重式投石器的發射方法來自槓桿原理。它的體積比扭力投石器大，但射程遠、威力大，100公斤的石彈可以彈射約40至70米之外。

投石桿是一支自由旋轉的繞軸，桿短的一端會裝上重物（抗力點），而長的一端會加上皮袋（施力點），發射台中間的支撐軸為支點，投石桿和發射台之間以繩索連接。

Photo Credit: “Trebuchet Castelhand” by Luc Viatar / CC BY SA 2.0

達文西改良投石器

在達文西的手稿中，記錄了他以齒輪和攪桿，加快石彈投出的速度。

除了投石機外，達文西很多構想已證實是可行的。

達文西是誰？

李安納度．達文西，是意大利文藝復興時期人物。他多才多藝，不但在藝術方面有傑出成就，而且精通科學，設計出坦克、機械人、降落傘等多項發明。

以下是他的兩幅著名作品《蒙娜麗莎》及《維特魯威人》。

《蒙娜麗莎》（Mona Lisa, 1503-1507）

《維特魯威人》（The Vitruvian Man, 約1485）

製作方法

材料

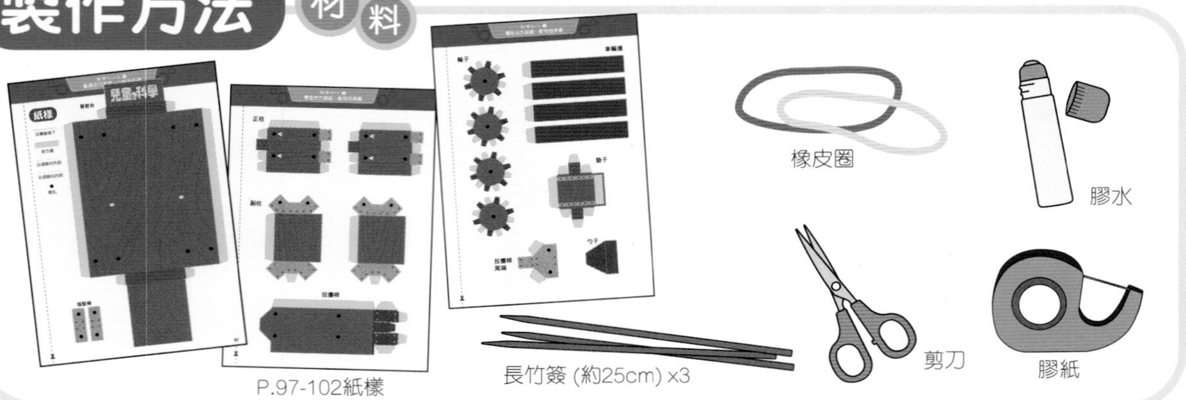

發射台

使用紙樣

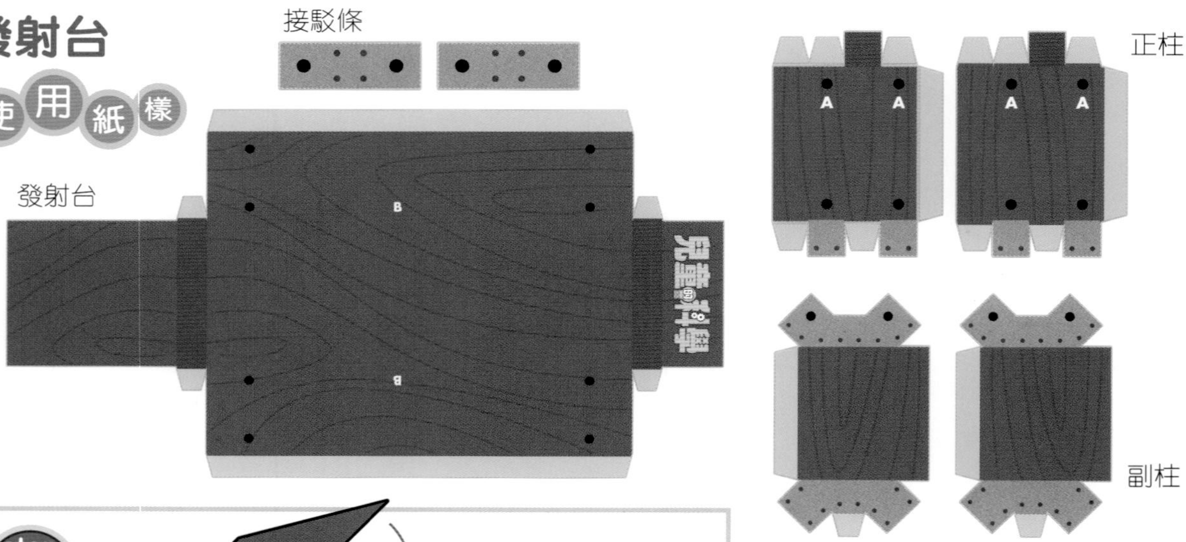

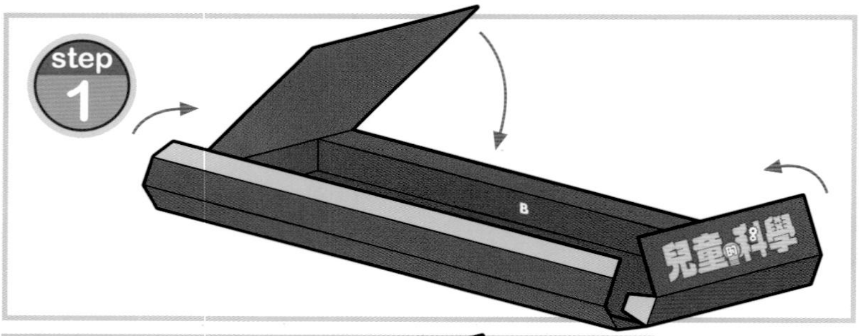

←把發射台紙樣剪出，在「●」位置打孔。依虛線摺曲，並用膠水在黏合處黏合固定。

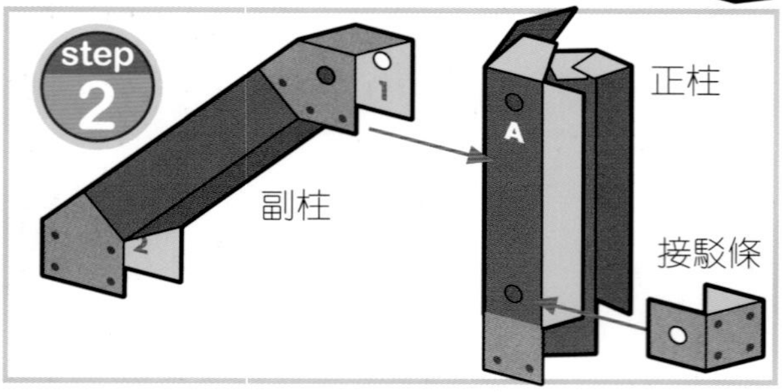

↑把正柱和副柱紙樣剪出打孔，並摺成柱子黏合。將兩條正柱的黏合處A分別黏合到兩條副柱的黏合處1，然後在正柱下方對準洞的位置貼上接駁條紙樣。

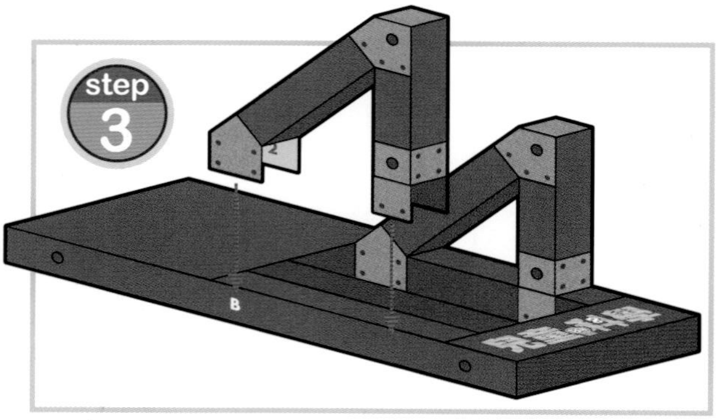

↑把兩組合成的柱子黏合在發射台兩側，副柱的黏合處2貼到發射台黏合處B上。

投擲桿

使用紙樣

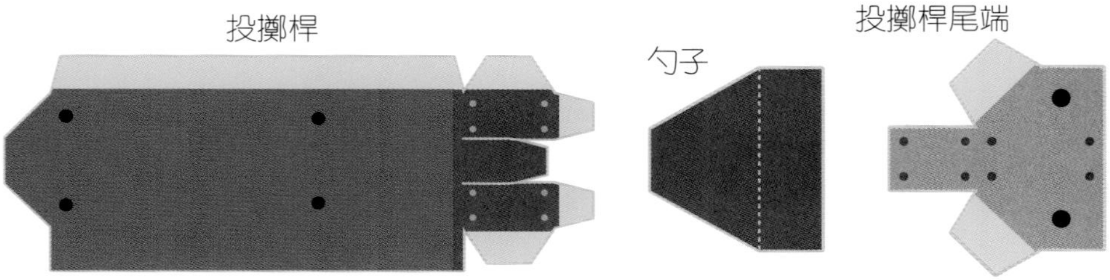

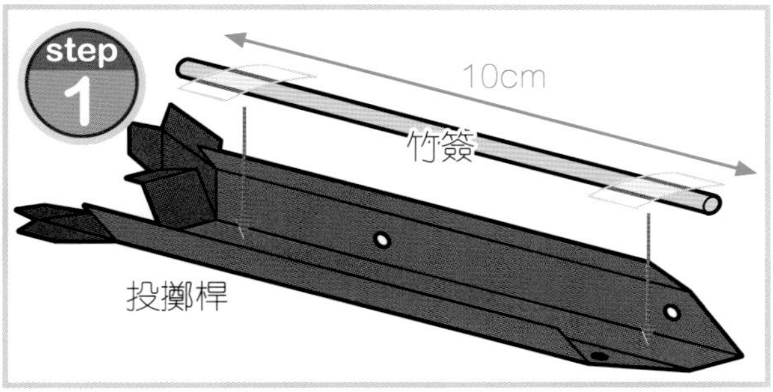

↑ 把投擲桿紙樣剪出並打孔，剪出長10厘米的竹簽，用膠紙把竹簽貼在投擲桿紙樣灰色內壁，以增加投擲桿硬度。然後，投擲桿依虛線摺成柱狀。

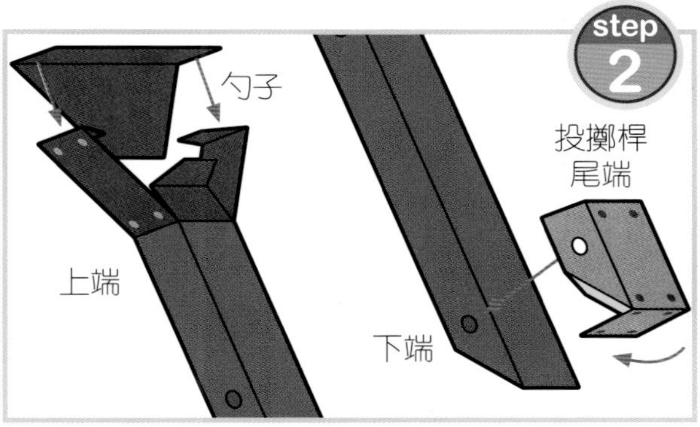

↑ 剪出勺子紙樣摺好並和投擲桿頂端黏合，投擲桿下端則用投擲桿尾端紙樣摺曲包好。

組合

使用紙樣

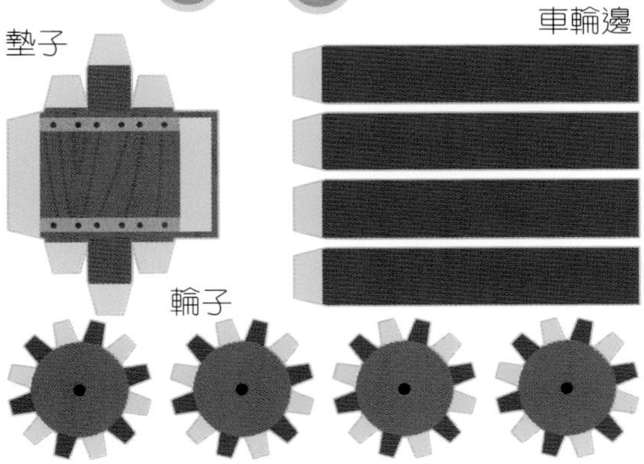

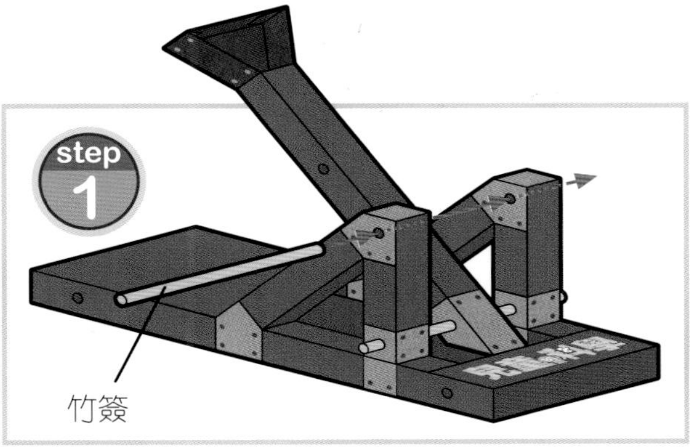

↑ 剪出兩條長 6 厘米的竹簽，一條穿過投擲桿下端和兩支正柱下方，另一條穿過兩支正柱的上方。

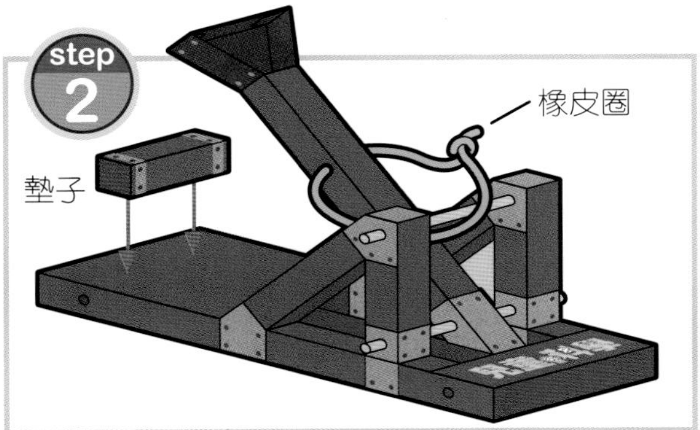

↑ 將橡皮圈剪斷，穿過投擲桿中間的孔和正柱上方的竹簽，打結。把墊子紙樣摺成長方柱體，貼在發射台上，墊子位置應在勺子拉下時的正下方。

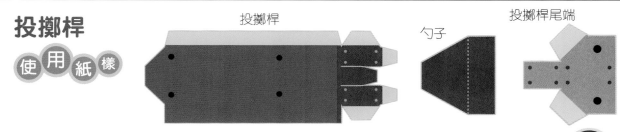

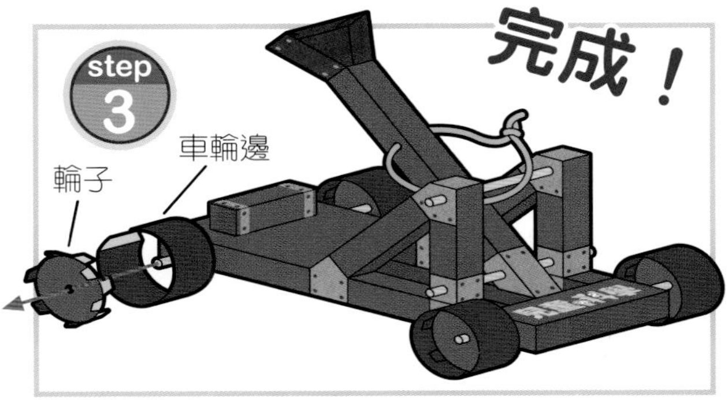

↑ 剪出輪子和車輪邊紙樣，把車輛邊屈曲成圈狀，輪子黏合在車輪邊中間。4 個車輪完成後，用兩支 8 厘米的竹簽作為車輪軸穿過車輪和發射台。

小型投石器玩法及原理

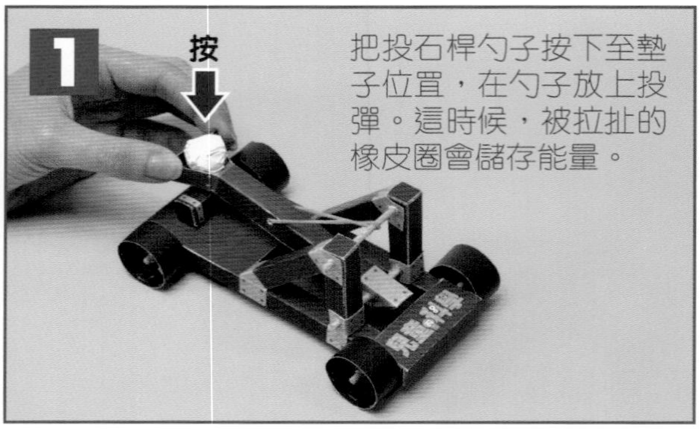

把投石桿勺子按下至墊子位置，在勺子放上投彈。這時候，被拉扯的橡皮圈會儲存能量。

快速鬆手，讓橡皮圈放鬆，投擲桿因衝力撞向竹簽，而橡皮圈儲存的彈性位能以動能釋放，把射彈在投擲桿返回原來位置時投出。

我還是不明白為何投射彈能投到這麼遠！

因為有慣性啊。

慣性

當橡皮圈的彈性位能轉變成動能，傳到投射彈上，帶動它向前移動，之後就算投擲桿因竹簽阻擋而停下，投射彈仍然會以相同速度直線飛出去，直至地心吸力令它落下。

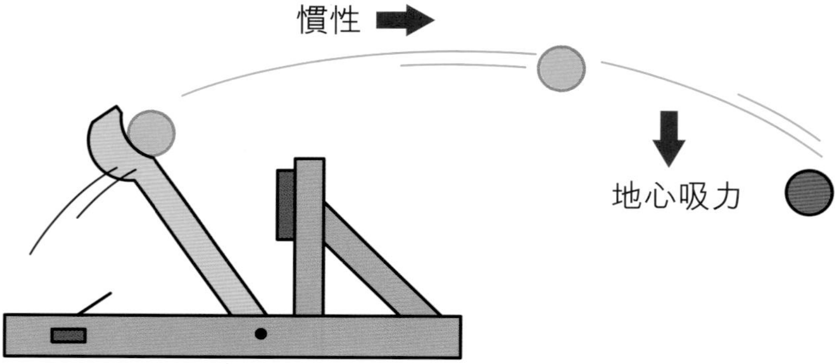

自製投射彈

可用各種東西作為投射彈比較射程，你會發現不同重量的投射彈會造出不同的射程和威力！

泥膠彈！

糖果、朱古力彈！

端午節強勢召集

《兒科》龍舟隊

賽龍舟不但是中國傳統節慶活動，現更發展為國際體育運動，
全球每年超過70個國家，約有5千萬人參與。
正好今年《兒科》召集了一眾熱愛龍舟運動的好手，
組成《兒科》龍舟隊參加龍舟大賽，勢奪冠軍寶座！

製作難度：★★★★☆　製作時間：約 1 小時

龍舟小檔案

歷史：2000 多年前至今
操作動力：人力

分類：2 種──標準龍（或稱中龍）：約 12 米
小龍：約 9 米

練習用龍舟

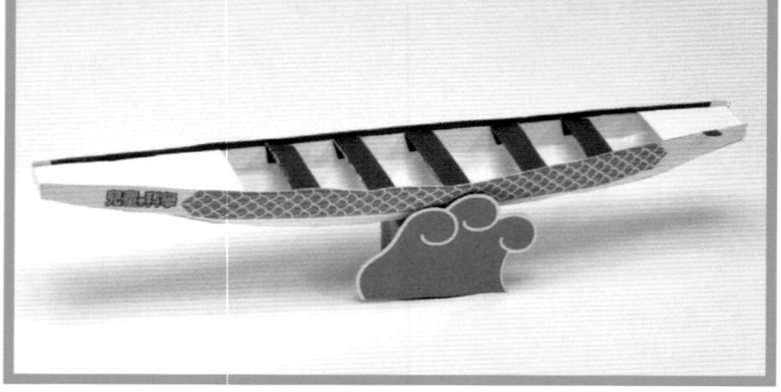

架上龍頭龍尾，成為比賽用龍舟

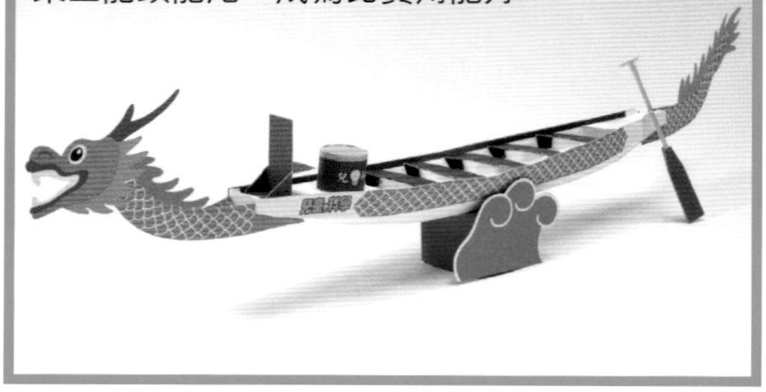

龍舟構造

設計

龍舟外形幼長，舟身淺窄，屬流線形設計，可減低水和空氣的阻力，令前進速度加快。

團體合作

龍舟最多可載20名划手參賽，2人為一排。划槳講求一致性，力量平均，注重團體合作。如果划槳時其中一員擾亂節奏，就會影響龍舟的速度。

入水

舟身淺窄導致的缺點──划槳時容易令龍舟入水，加重重量，減慢速度，消耗划手更多力氣。不過在比賽途中，除非入水超過腳掌位置，否則不會隨便使用水斗掏水。因此比賽前，隊員都會先掏走舟內積水，令龍舟保持最輕狀態。

材料

傳統龍舟是以木材製造，選用防蟲防腐樹木品種。但現多改用玻璃纖維，令龍舟變得更薄更輕更快。

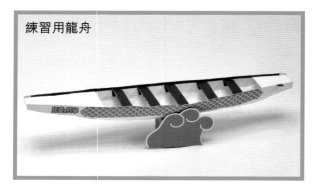

我知道龍舟賽事不只限於端午節舉辦，其他時間如今年 4 月至 12 月，在港舉行的大小型賽事更合共數十場！
不如我們全部賽事都參加？
在比賽前，我們先造一隻龍舟來練習，好好鍛煉身體吧！

詳情可到中國香港龍舟總會網頁（http://www.hkcdba.org/）查閱。

製作方法

材料

牙簽

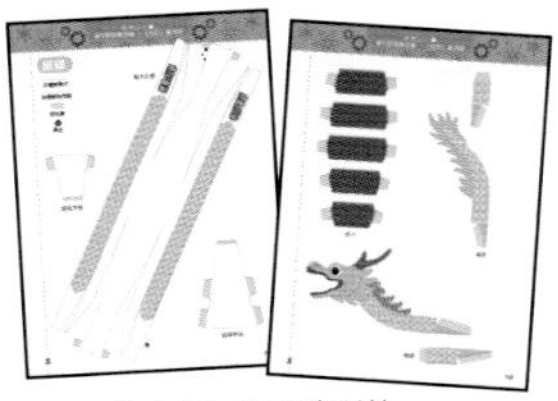

P.103-110紙樣

剪刀

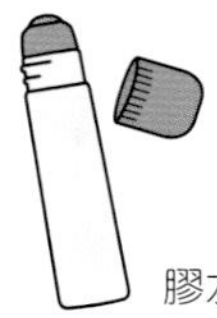

膠水

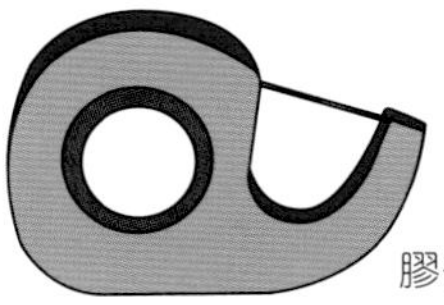

膠紙

龍舟主體

使用紙樣

龍舟架

浪花

龍頭甲板

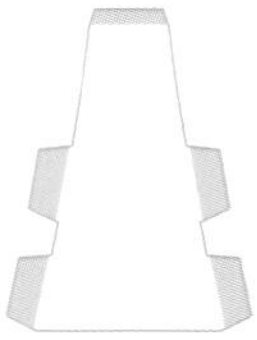

龍尾甲板

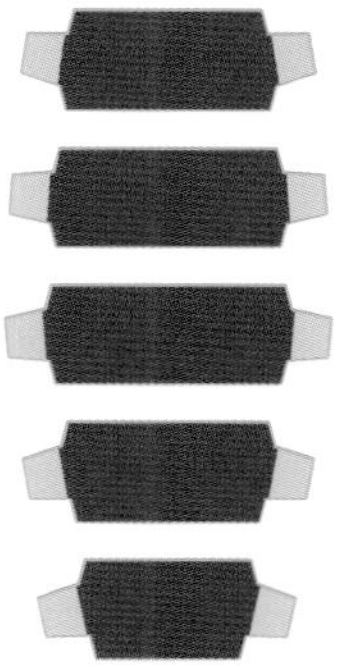

椅子

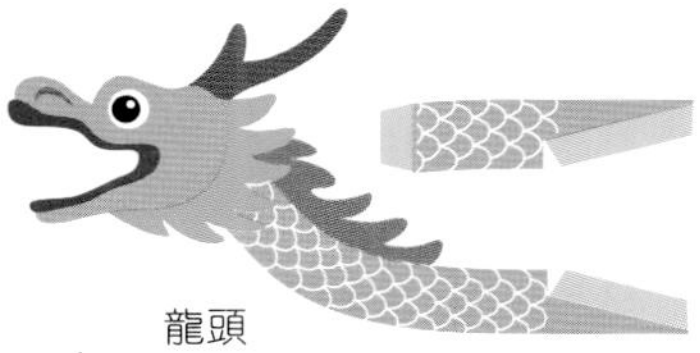

龍頭

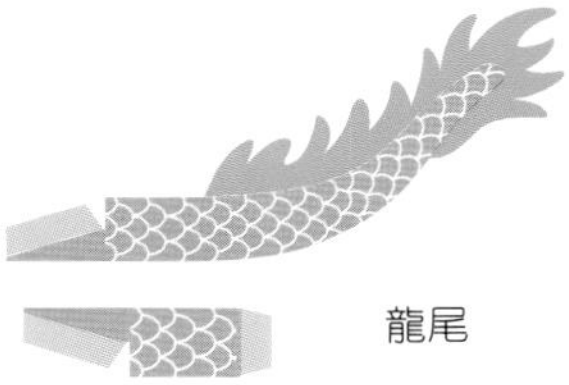

龍尾

龍舟主體

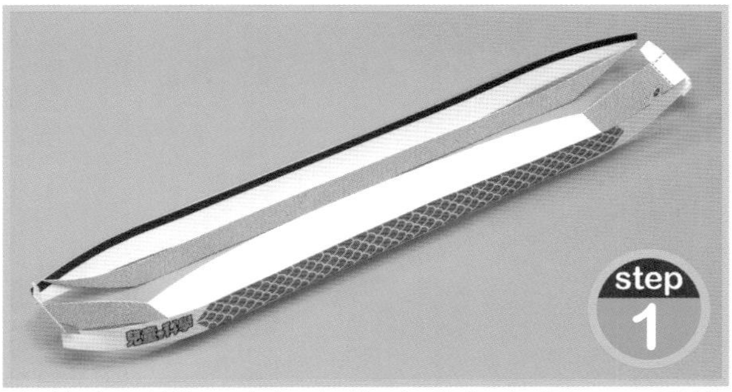

↑ 裁出紙樣，先摺起龍舟的灰色部分，再沿虛線內摺龍舟內所有位置。

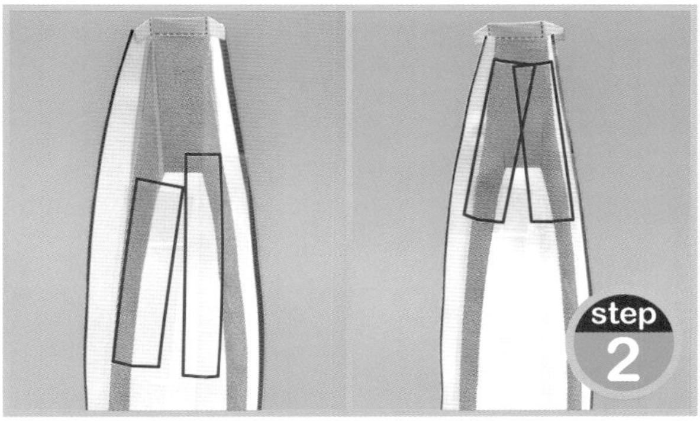

↑ 用膠紙黏合龍舟底和舟身，左右前後做法相同。

↑ 把龍舟尾的部分摺入舟身內，貼到內側，頭部做法相同。

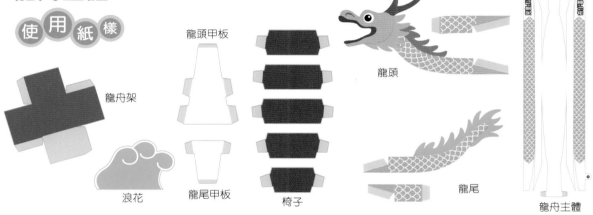

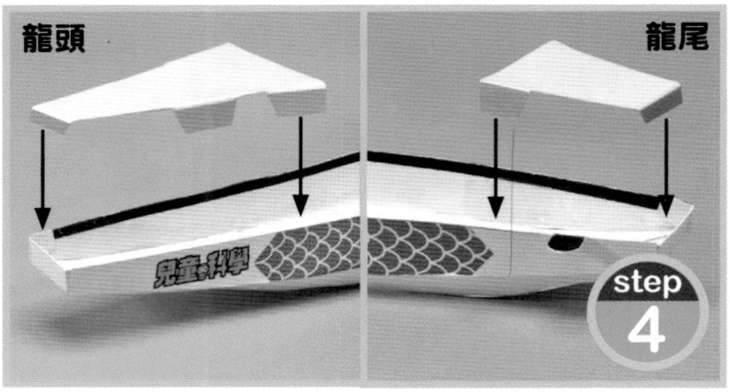

↑ 把頭和尾的甲板黏合在龍舟內的啡色線下。

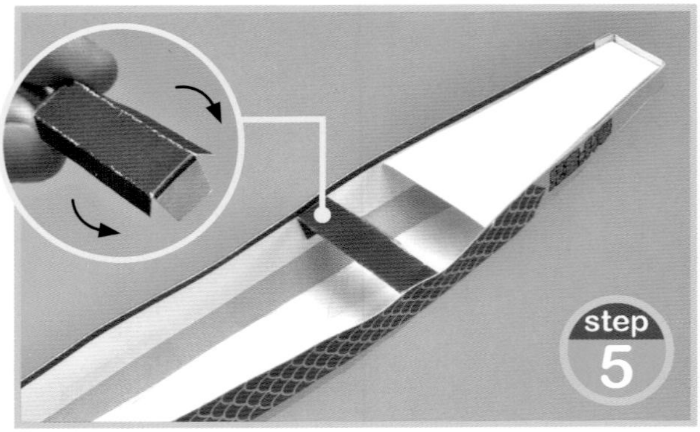

↑先把龍舟椅沿虛線內摺，貼好。再把龍舟椅黏合在舟內啡色線下，椅上的「1」是由龍頭開始的第1張椅。

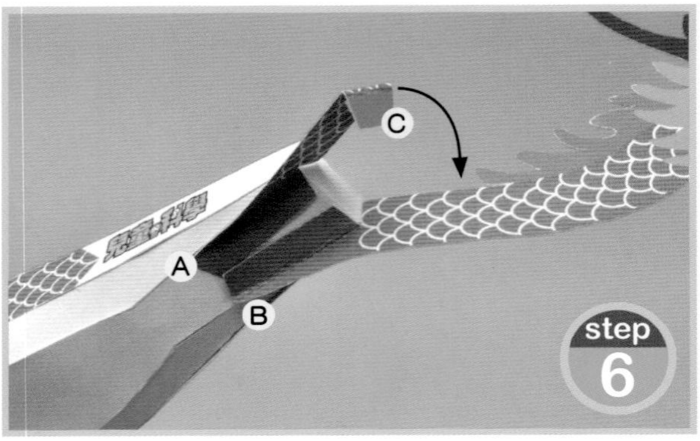

↑先貼龍頭 A 在龍舟底，再貼上 B，最後貼 C 在上。龍尾做法相同。

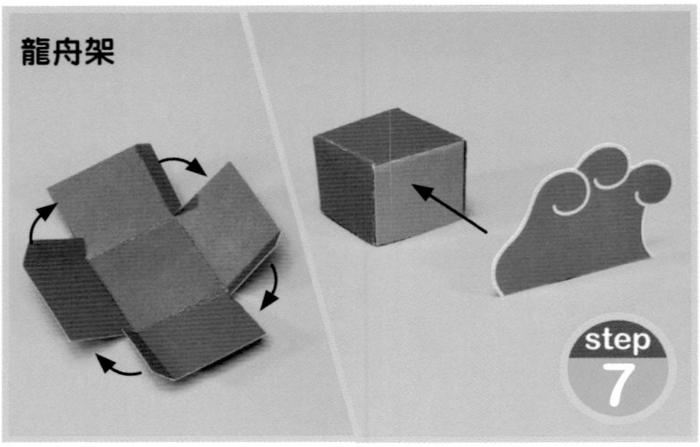

↑沿虛線內摺並黏合，再貼上浪花。

龍舟主體完成！

龍舟槳

使用紙樣

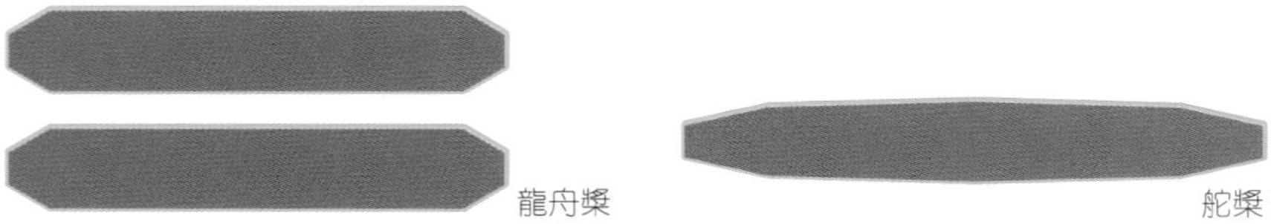

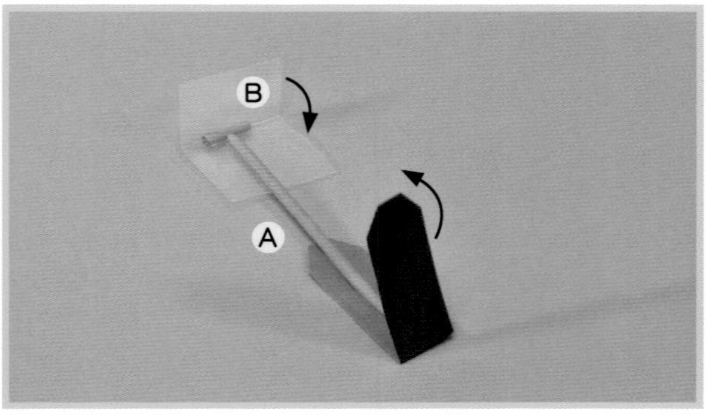

↑把牙簽折成兩部分，A（長的，約5cm）放在龍舟槳的紙樣上，對摺紙樣再黏合。用膠紙固定 B（短的，約1cm）在 A 上。

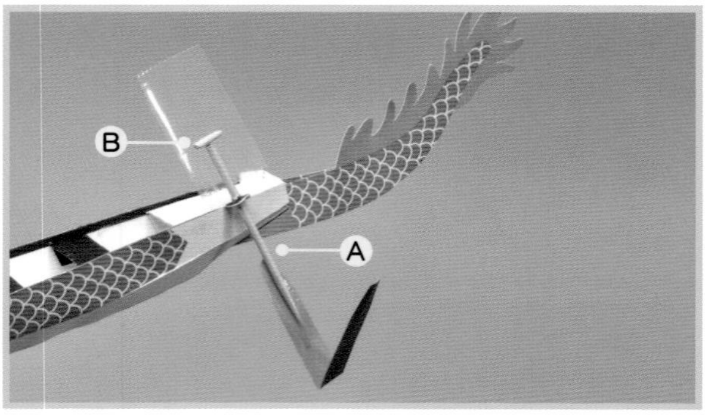

↑舵槳：先用牙簽刺穿於龍尾的舵，再把 A 穿入舵孔，黏合 B。

龍舟鼓及鼓手座椅

使用紙樣

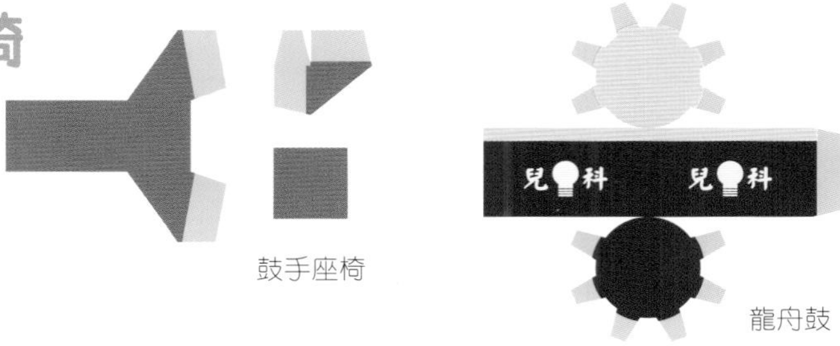

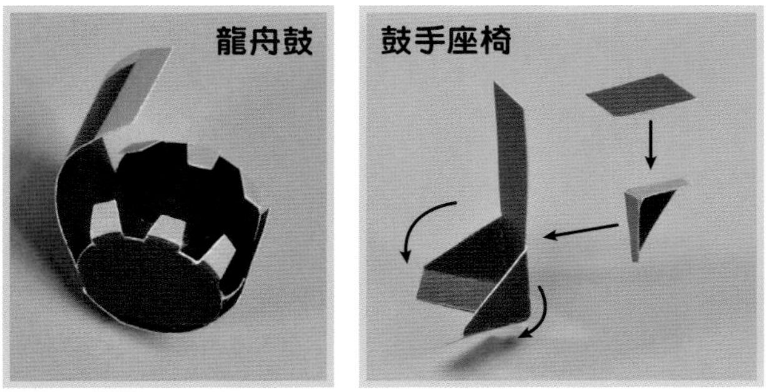

↑把龍舟鼓和鼓手座椅的不同部分組合。

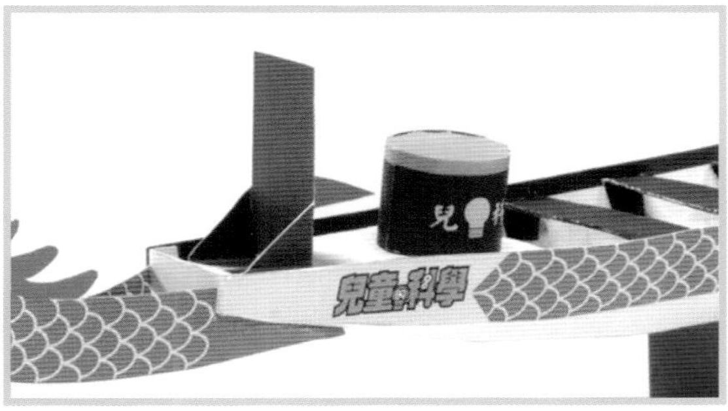

↑將鼓和座椅貼在龍頭甲板的適當位置上。

龍舟選手

使用紙樣

←把不同選手角色放在龍舟不同位置上，貼上龍舟槳。圍繞角色的白邊可隨意保留或去除。

好累啊！究竟如何才能省力地全速前進？
那就要先了解龍舟前進的原理！

龍舟前進原理

① 牛頓第三定律（作用力與反作用力）

划手將槳放到水中拉後，產生作用力，同時水的阻力產生大小相同但方向相反的反作用力，推動龍舟向前。

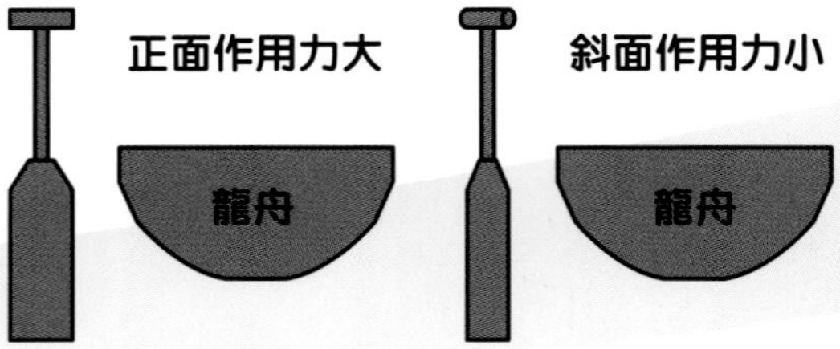

槳面面積愈大，阻力愈大，產生的反作用力愈大。所以划水時槳面必須正面向前，以製造更多反作用力，推動龍舟更快速向前。

② 槓桿原理

槓桿分類：
第 1 類：支點置中
第 2 類：重點置中
第 3 類：力點置中

槓桿是簡單機械，需要支點、重點、力點三者配合操作。「支點」是固定點，「重點」是桿子被推動的位置，重點與支點的距離稱為「重臂」，而「力點」是施力的位置，力點與支點的距離稱為「力臂」。只要改變施力的位置，就能將力變大或變小。

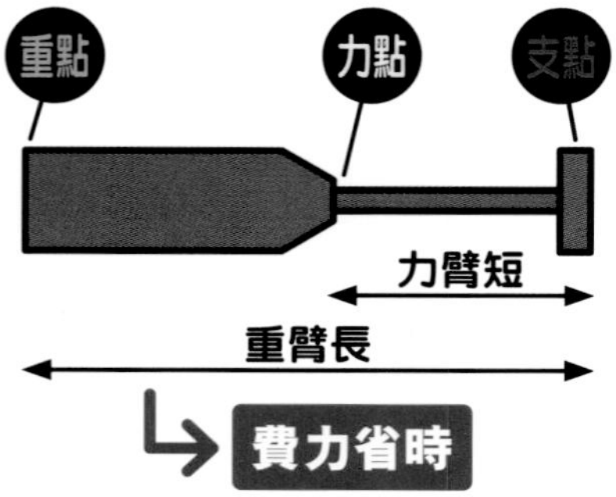

龍舟漿的槓桿原理

槓桿分為3類，龍舟槳屬於第3類槓桿：把手是支點，把柄與槳面交界是力點，槳底是重點。由於這類槓桿的力臂短於重臂，較費力但省時。比賽就是爭取用最少時間完成，所以省時最重要。

龍舟漿較省力握法

一手握於把手，一手握於把柄與漿面交界處。盡量增加力臂的長度，所費的力便會比使用短力臂少。

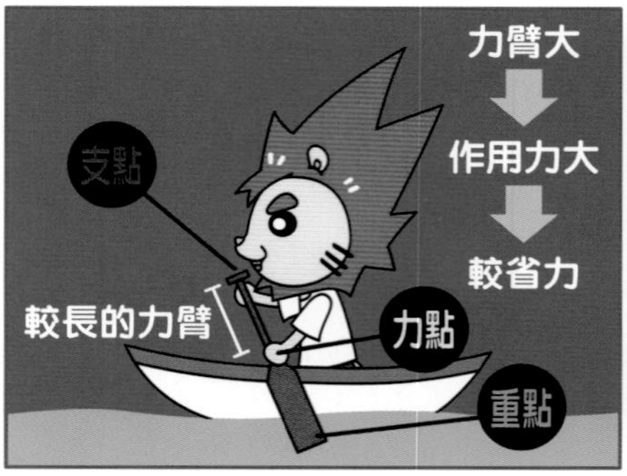

物理

創意

創意氣球派對

氣墊飛碟起動！

這是甚麼？氣球車派對嗎？連輪子也沒有，能夠移動嗎？
嘿！它們是氣墊飛碟！在空氣承托下起動後，比使用輪子的車子走得更快更順暢呢！快來看看它們有多厲害，然後動手製作一台吧！

製作難度：★★★★☆　製作時間：約 1 小時

製作方法

工具

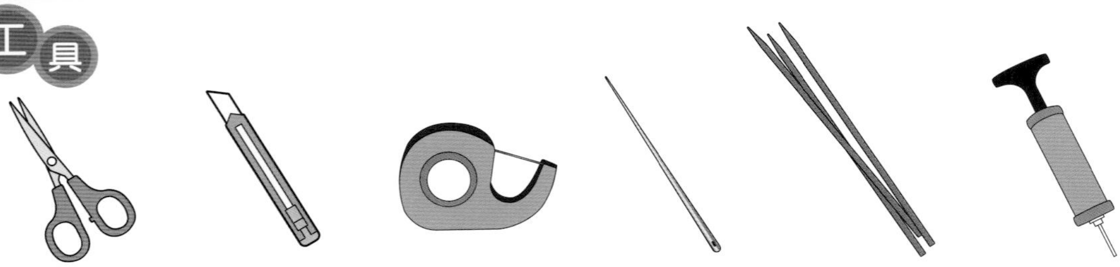

剪刀　美工刀　膠紙　大頭針/ 幼針　錐子/ 竹簽　氣泵

氣動部分

材料

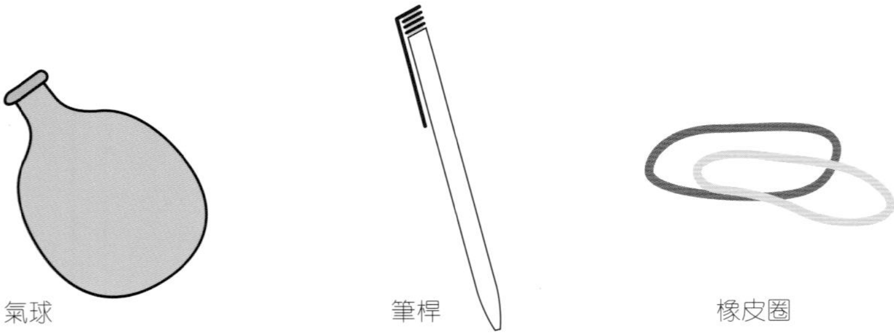

氣球　筆桿　橡皮圈

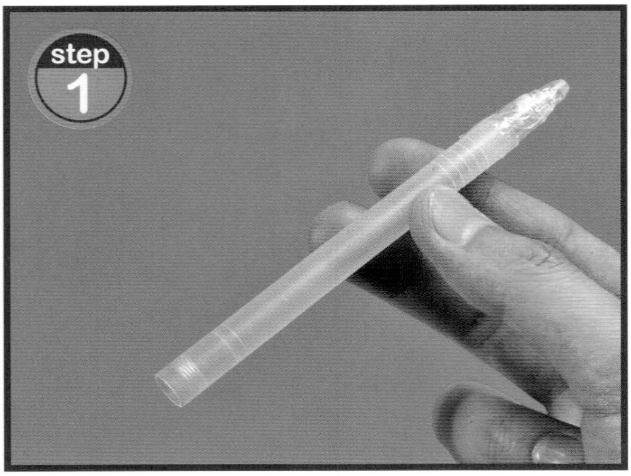

↑將舊原子筆拆開，取用中空的筆桿部分，並以膠紙把筆桿上的小孔封好（如有），但切勿封住筆尖的筆芯孔。

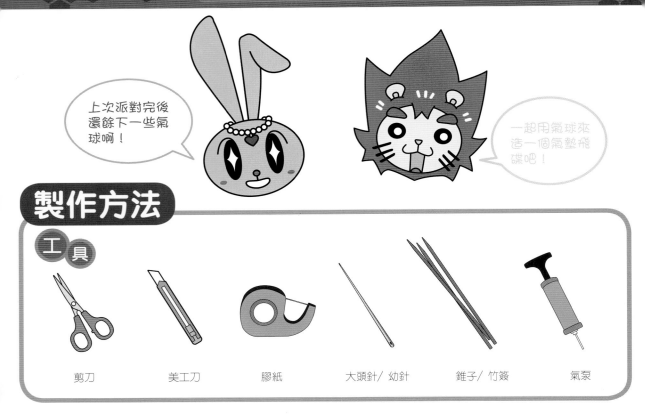

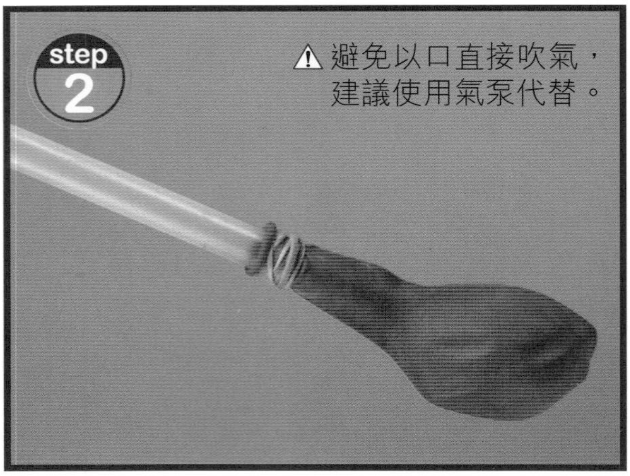

step
2
⚠避免以口直接吹氣，
建議使用氣泵代替。

↑把氣球套入筆桿末端，再以橡筋紮好。把氣球充氣，檢查有否漏氣。

飛碟底座

材料

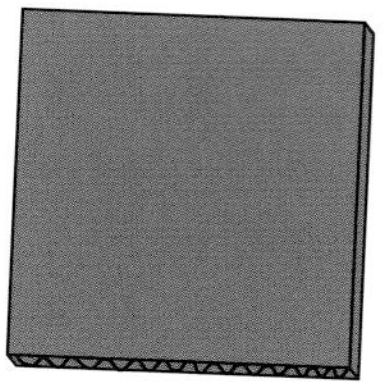

厚紙板／瓦通紙

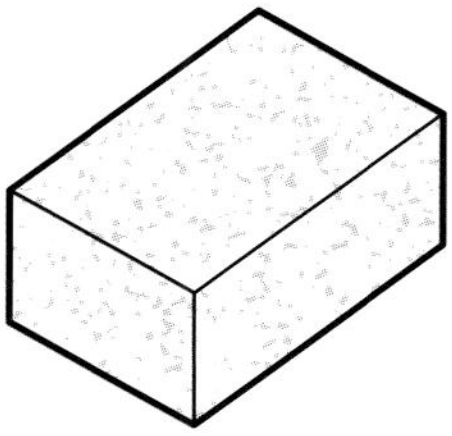

發泡膠

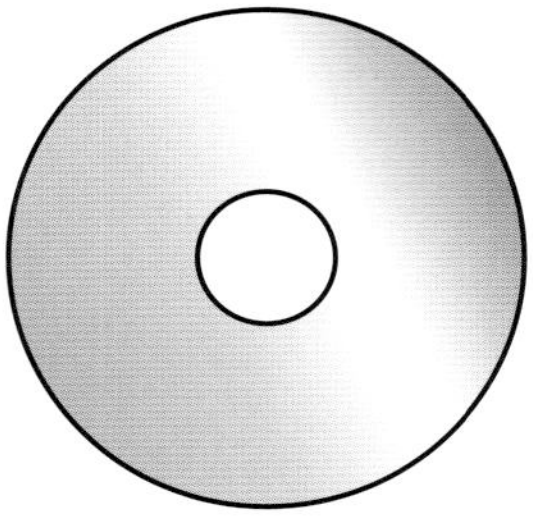

光碟片

step 1

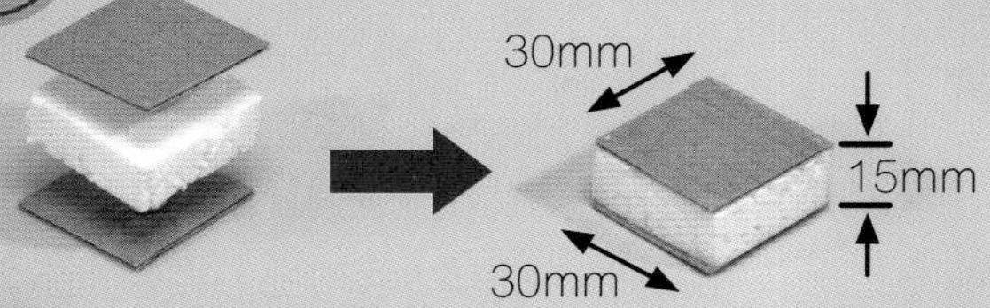

根據圖中尺寸，切割 2 片厚紙板及數片發泡膠板（視乎厚度而定）。

用厚紙板像三文治般將發泡膠板夾住，使整體厚度在 10-15mm 之間。

亞龜老師提提你

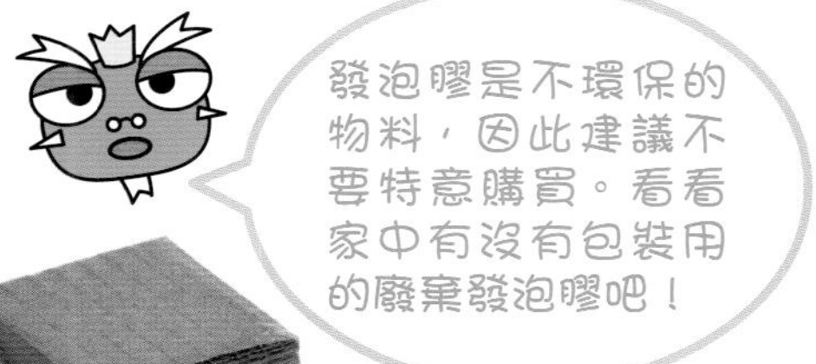

發泡膠是不環保的物料，因此建議不要特意購買。看看家中有沒有包裝用的廢棄發泡膠吧！

如果沒有發泡膠，也可用 8–10 片厚紙板小塊製作整個底座。

step 2

用膠紙把「三文治」的四邊包好，再用錐子或竹簽在中心戳出一個小孔。

step 3

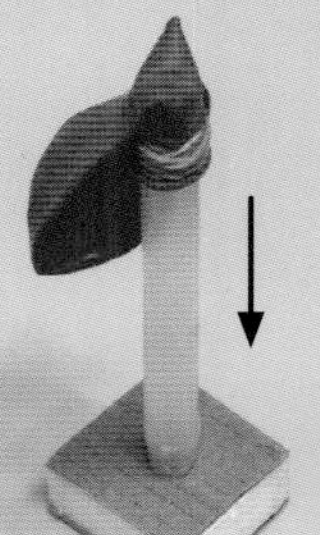

用力把筆桿塞入小孔中，直至感到筆桿已牢牢固定。（不用插到底，只要穩固便可！）

step 4

用少量膠紙封住底座另一邊的小孔，再以大頭釘或幼針輕輕戳出一個非常小的洞。

這個洞口的大小將控制氣球排氣的速度。洞口太大，空氣便會大量地排走，使飛碟很快停下來！

step 5

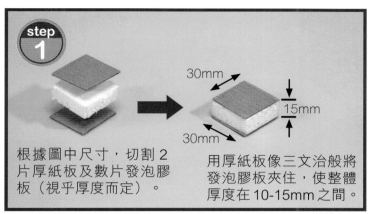

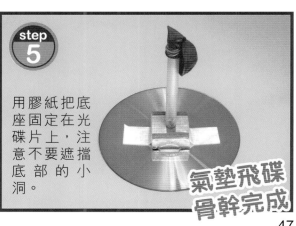

氣墊飛碟骨幹完成！

用膠紙把底座固定在光碟片上，注意不要遮擋底部的小洞。

起動方法

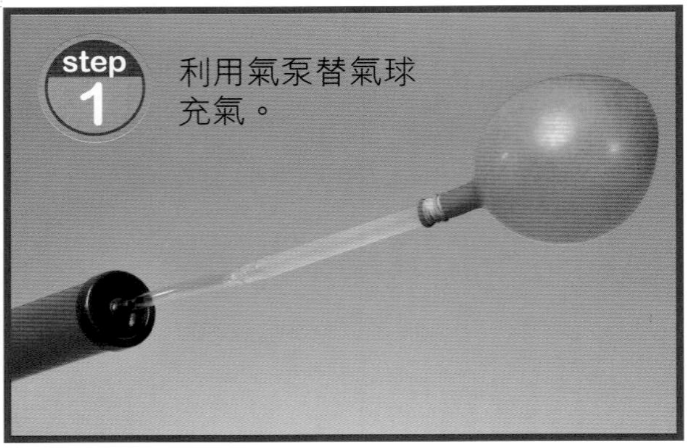

step 1
利用氣泵替氣球充氣。

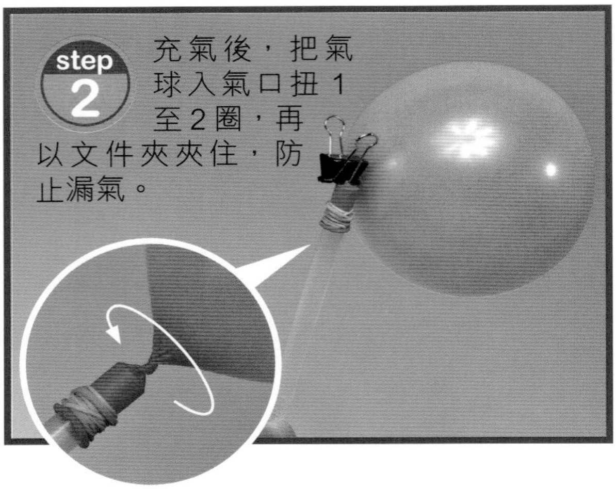

step 2
充氣後，把氣球入氣口扭1至2圈，再以文件夾夾住，防止漏氣。

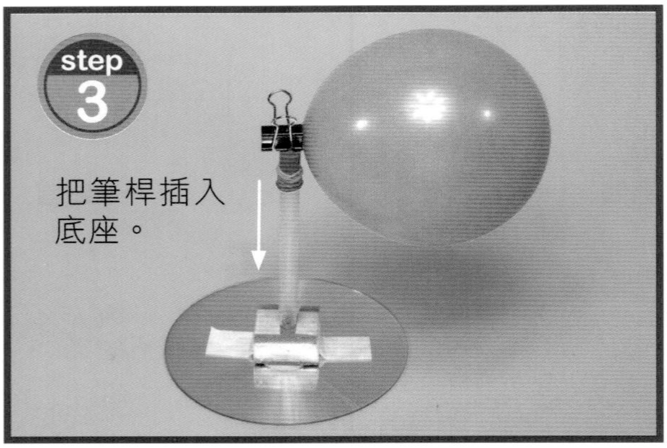

step 3
把筆桿插入底座。

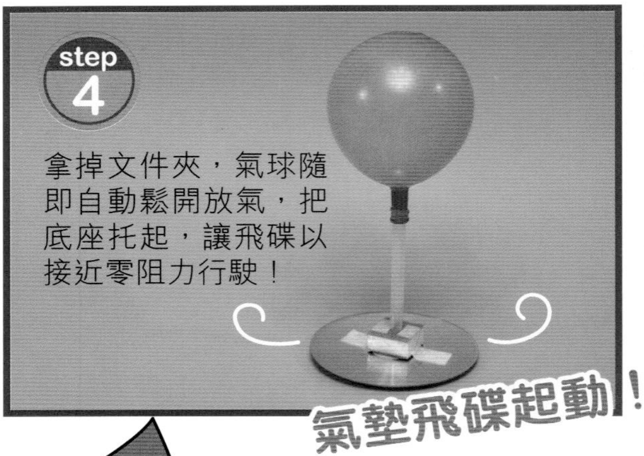

step 4
拿掉文件夾，氣球隨即自動鬆開放氣，把底座托起，讓飛碟以接近零阻力行駛！
氣墊飛碟起動！

加點裝飾才能分辨哪個是我造的。
對，發揮創意，造出獨一無二的飛碟！

利用紙樣加上個人設計，為飛碟造出旋轉的動感！

→先用厚紙板裁出心目中的旋風形狀，並把各部分牢牢黏穩。

→加上裝飾，再如圖把堡壘的中心部分（紙樣）及旋風部分（自製）穿入筆桿及插入底座。如中心部分的支架阻擋了旋轉臂，可將它摺起。

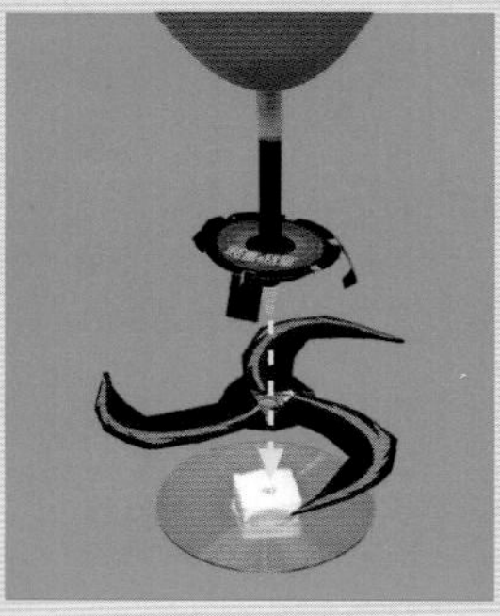

為氣墊飛碟添上外殼吧！

材料

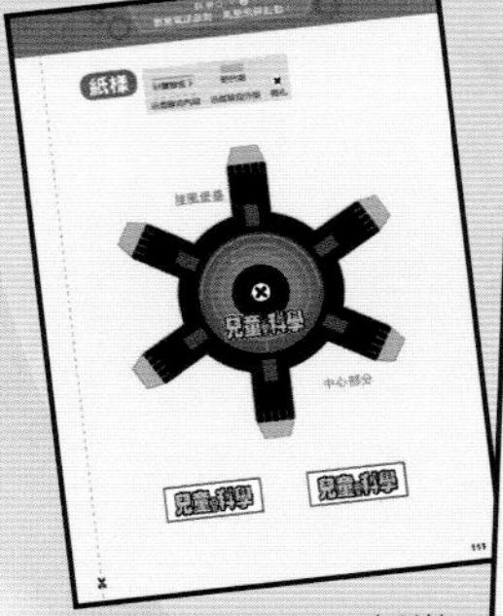
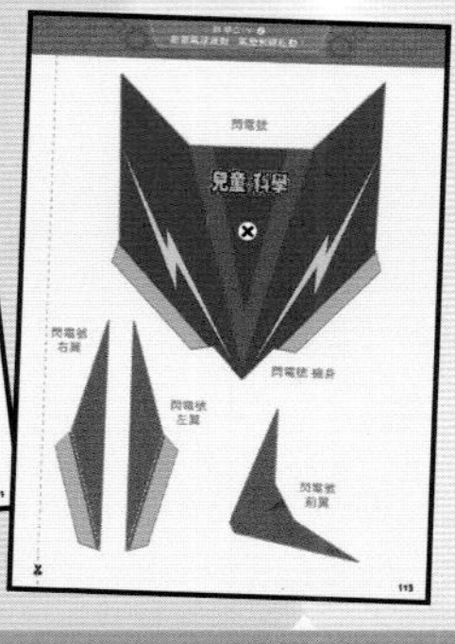

P.111-114 紙樣

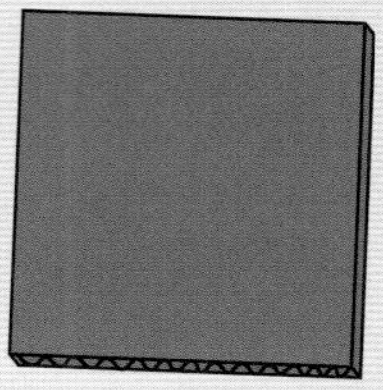

厚紙板／瓦通紙

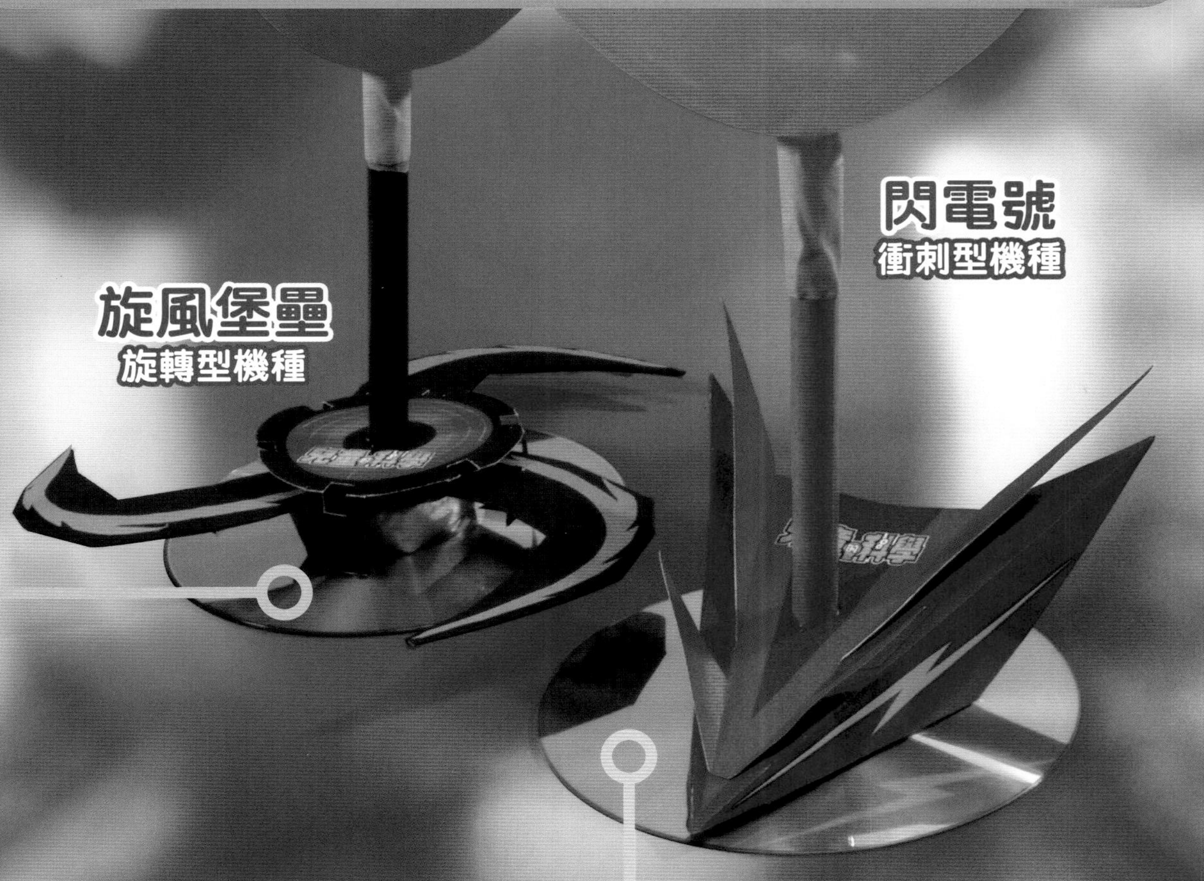

利用紙樣摺成極具速度感的外殼！

製作時，請注意機身上讓筆桿穿過的圓孔有否與底座上的孔對齊。對齊後把機身黏穩在光碟片上便完成！

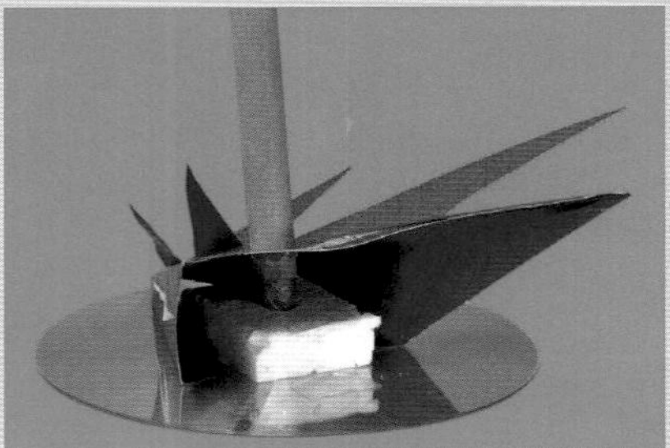

更多創意造型

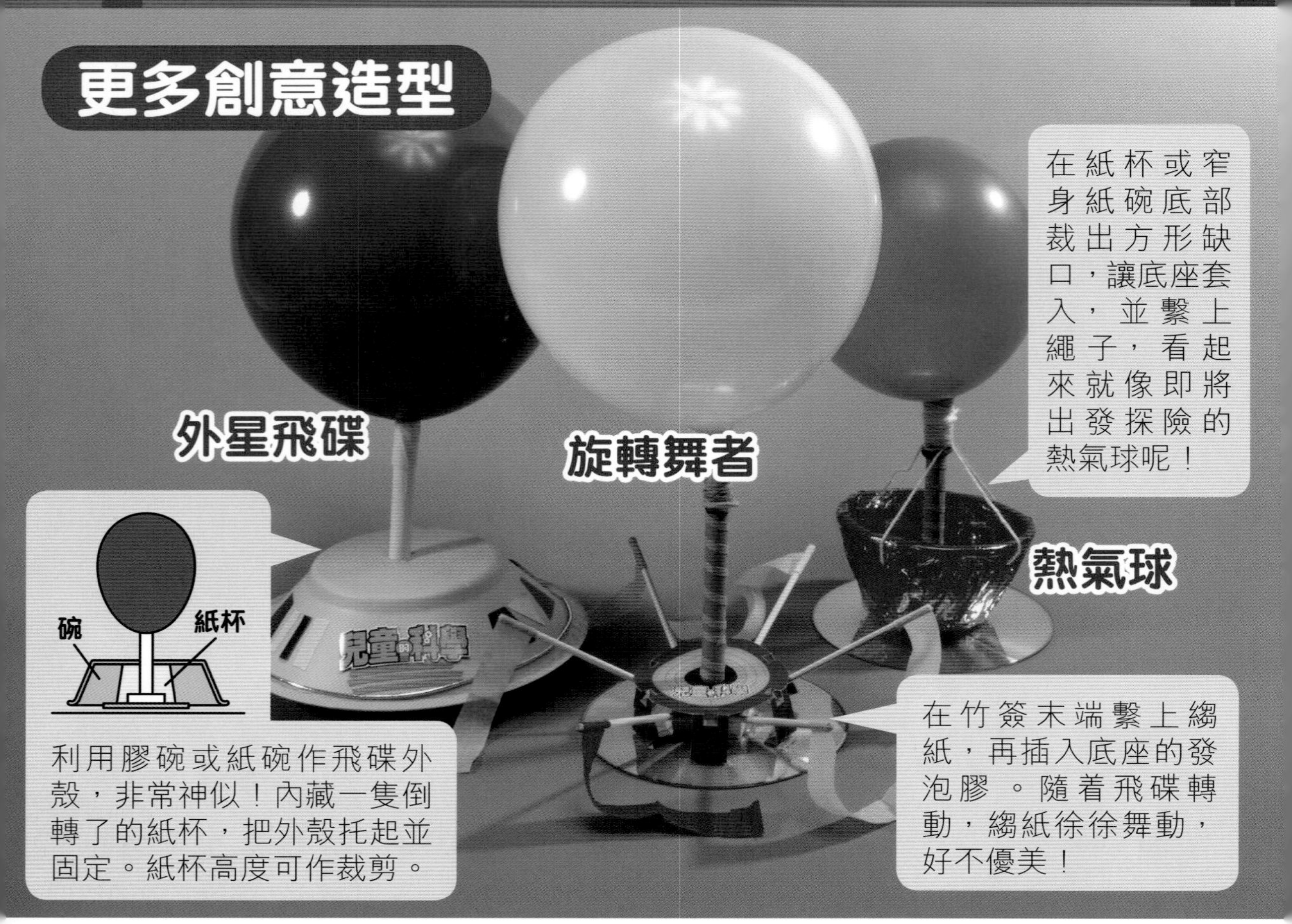

利用膠碗或紙碗作飛碟外殼，非常神似！內藏一隻倒轉了的紙杯，把外殼托起並固定。紙杯高度可作裁剪。

在竹簽末端繫上縐紙，再插入底座的發泡膠 。隨着飛碟轉動，縐紙徐徐舞動，好不優美！

在紙杯或窄身紙碗底部裁出方形缺口，讓底座套入，並繫上繩子，看起來就像即將出發探險的熱氣球呢！

氣墊飛碟刺激玩法！

❶ 萬里飛馳

在廣闊而平坦的空地上（例如籃球場）用力把飛碟推出去，看它「一口氣」能走多遠！

❷ 無敵風火輪

以旋轉來競技！使用旋轉專用的外殼，並配上不同裝備，務求把另一台高速轉動的氣墊飛碟率先弄停！

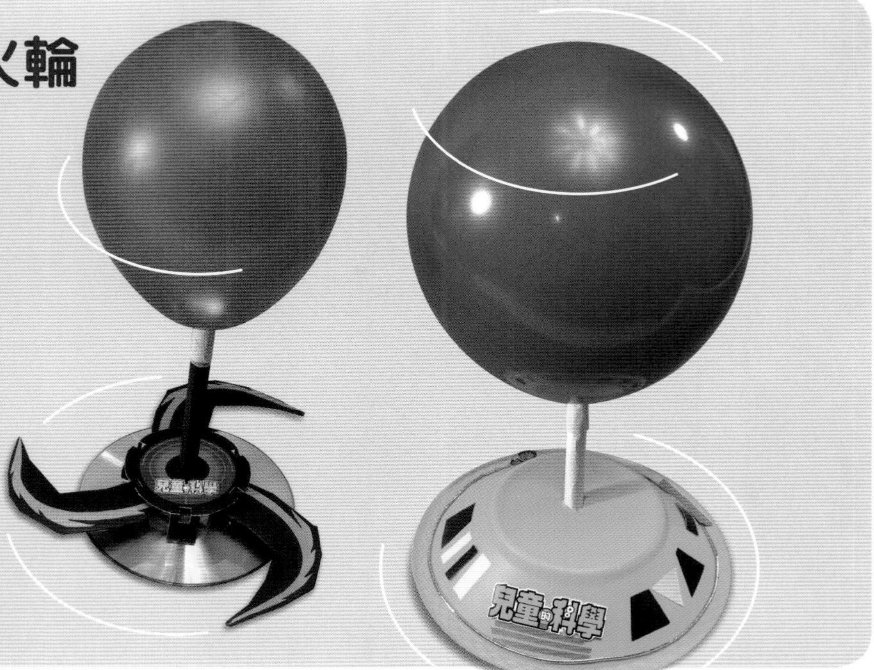
兒童的科學
兒童的科學

❸ 瘋狂碰碰車

製作 2 台以上的氣墊飛碟，同時放氣，觀察不同撞擊會有甚麼效果！

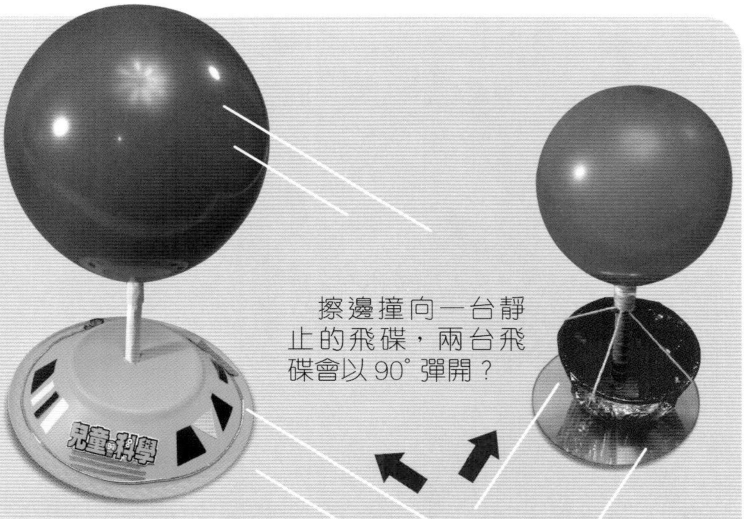
擦邊撞向一台靜止的飛碟，兩台飛碟會以 90° 彈開？
兒童的科學

高速飛馳的一方撞到靜止的一方，會令對方彈走而自己停下？

為何這飛碟沒有車輪，卻能動得這麼快？
因為空氣將飛碟托起了。

滑行的秘密 —— 氣墊

仔細觀察起動中的飛碟底部，會發現它根本沒有接觸地面！飛碟其實是非常接近地面滑行呢！

當氣球收縮時，排出的空氣被引導至光碟片的底部後，便無處可逃了！可是由於氣球仍繼續在收縮，不斷迫出空氣。於是，這些想「逃走」的空氣的壓力會把原本貼着地面的光碟片托起，而空氣就從那狹小的縫隙中逃走了！

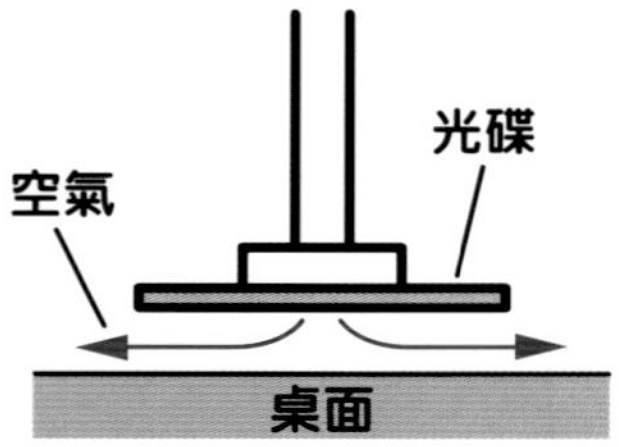

因此，光碟片與地面之間，其實有一層薄薄的空氣在流動，這就是氣墊了！

當氣球扁了後，不再排出空氣，光碟片下方就不再有湧出的氣流把它托起，於是飛碟便降回地面並停下來了。

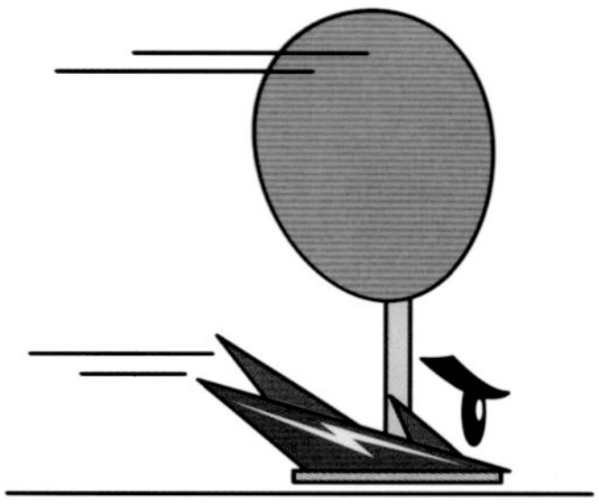

氣墊飛碟的真實應用 —— 氣墊船

看到氣墊飛碟利用氣墊來滑行是多麼順暢了吧！其實現實中也的確有利用氣墊來移動的交通工具呢！那就是氣墊船了！

就如氣墊氣碟一樣，氣墊船行駛時也是離開地面或水面的。氣墊船船底有以尼龍物料製成的船裙圍繞四邊，透過不斷把空氣抽入，船裙會充氣膨脹，利用空氣壓力托起船身，並使船底稍微離開水面。由於船底與水面沒有接觸，因此能大大減低移動時的阻力，高速前進！

↑船尾設有巨型螺旋槳，利用它撥動空氣時的反作用力向前推進！

氣墊船能在任何平坦的表面上行駛，包括水面、地面、泥地、草地或冰面等，應用範圍非常廣泛！

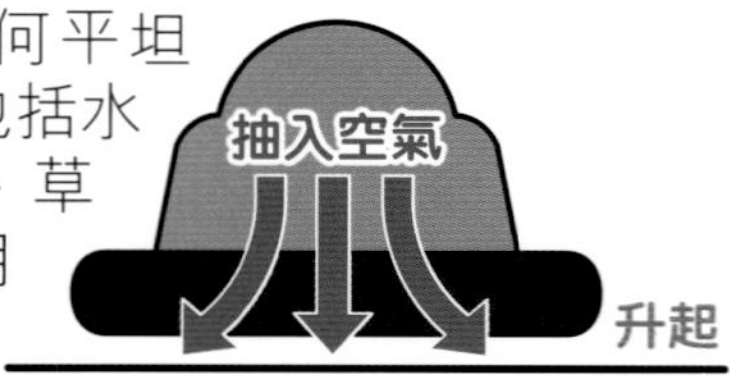

抽入空氣
升起

你製作了怎樣的氣墊飛碟呢？把你的作品拍下來，上載到我們的Facebook專頁分享吧！

繽紛影子劇場

光影迷離皮影偶

咦？這兩個玻璃紙玩偶不是愛因獅子和居兔夫人嗎？
原來他們化身成皮影偶，在演出精彩的皮影戲呢！
愛表演的你又怎甘於只當觀眾？快來製作並操演屬於你的皮影偶吧！

製作難度：★★★★☆　製作時間：約 3 小時（包括皮影偶及影幕）

我知道皮影偶是用來演皮影戲的，但它來自哪裏？
皮影戲在東方已經有非常悠久的歷史。

皮影戲——東方戲偶藝術

中國和印度是皮影戲的主要發源地。中國的皮影戲相信源於漢朝（約2200年前），是我國最古老的戲曲形式之一。皮影戲除了盛行於泰國、馬來西亞、印尼等亞洲國家，也流傳至土耳其和希臘等歐洲國家。

↑中國皮影偶約有30厘米高。

Photo Credit: "Bima wayang" by Sentausa / CC BY-SA 3.0

↑印尼爪哇的皮影偶風格截然不同！

Photo Credit: "Karagoz figures" by Kıvanç / CC BY-SA 2.0

↑土耳其的皮影偶。

傳統的皮影偶製作繁複，所以我們先製作這個簡單版，淺嚐當中的樂趣吧！

皮影偶以動物皮製成，例如牛皮、羊皮、驢皮等，「皮影」之名由此而生。它的製作過程相當複雜，需經過選皮、刮皮、描樣、雕刻、染色、組合、裝杆等多重工序才能製成。

製作方法

工具

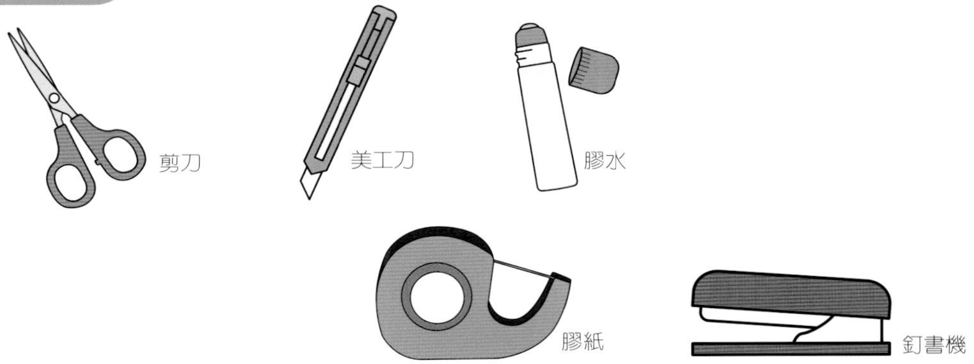

影幕

材料

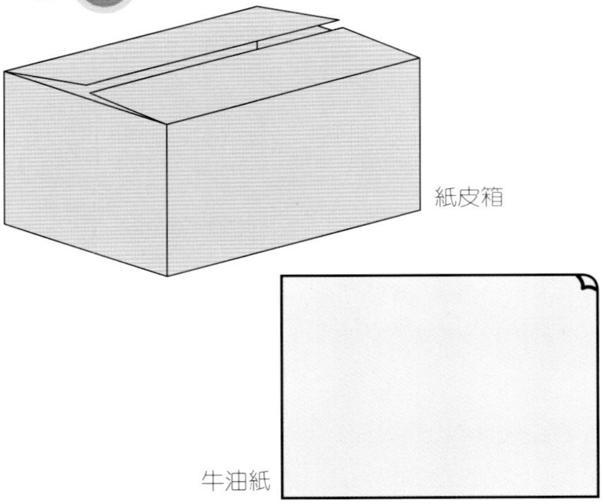

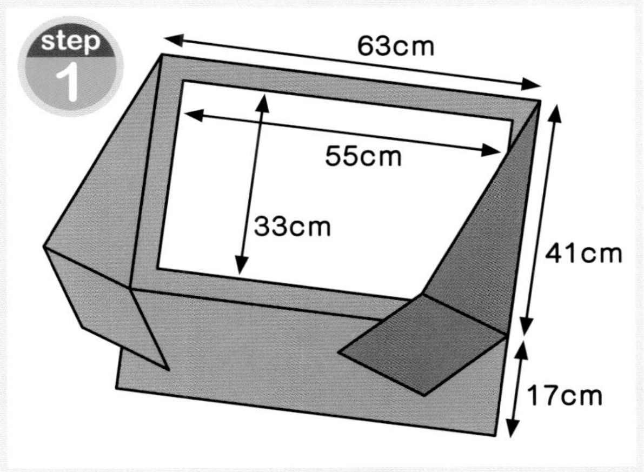

↑ 把紙皮箱按圖中尺寸裁剪，用美工刀裁走框架中間部分。

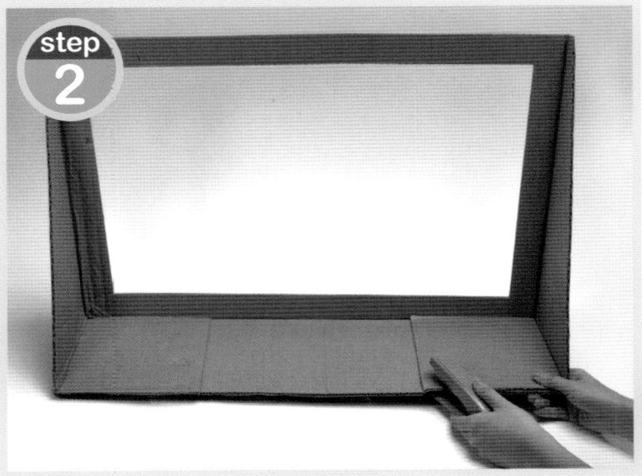

↑ 如圖將紙皮摺成立體，用釘書機把支架底部與底座釘合。

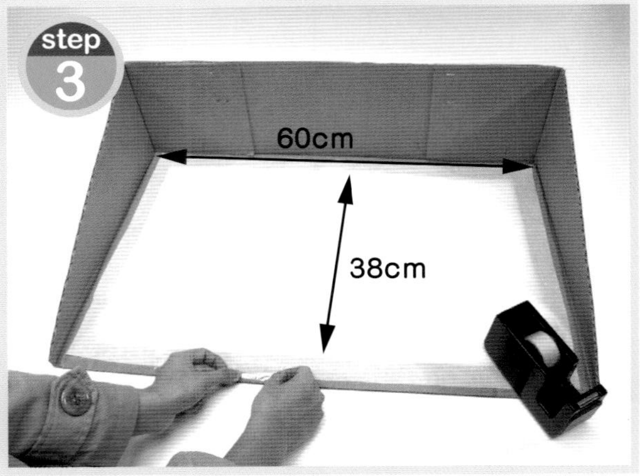

↑ 按圖中尺寸剪出牛油紙，用膠紙把牛油紙貼在框架上。

皮影偶及裝飾

材料

P.115-120紙樣

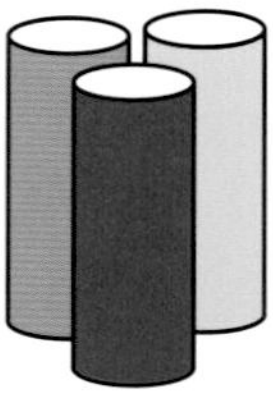

玻璃紙
（多種顏色）

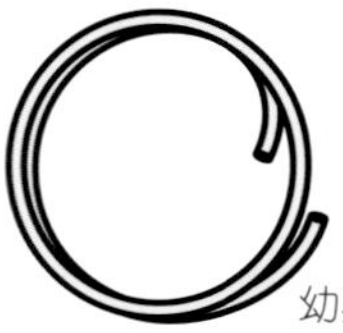

幼身鐵線

萬用膠

↑把紙樣剪下，用美工刀把中間非黑色的部分裁走。

↑按喜好把不同顏色的玻璃紙裁剪，貼在紙樣的背面。

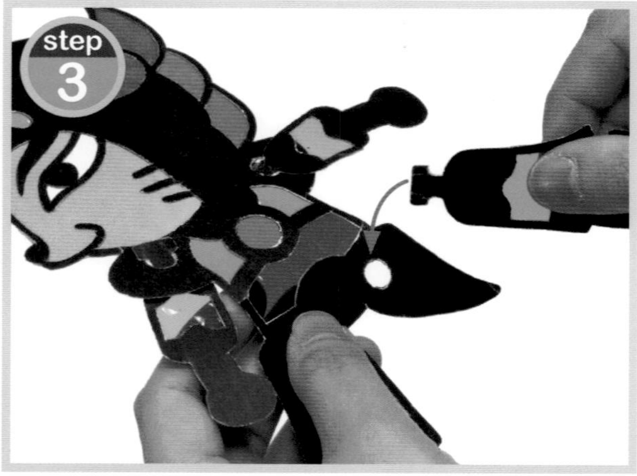

↑把肢體的凸出部分穿過身體相應的小孔。拼合後的肢體應可扭動。

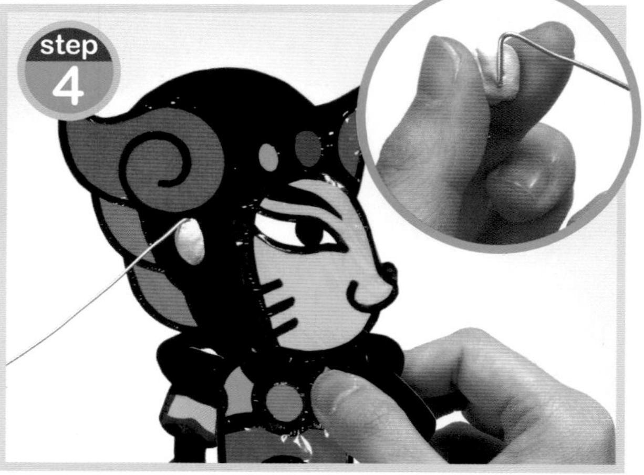

↑把幼身鐵線的前端約1厘米處屈曲。用萬用膠把鐵線前端包住，與頭部背面的黏合處黏合。（不建議使用膠紙，因鐵線容易於膠紙中間的空隙脫落。）

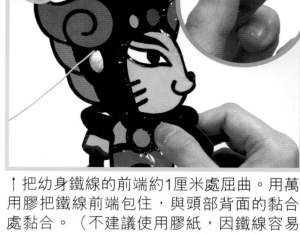

操作皮影偶

① 基本玩法

操縱杆數量愈多，需要運用的手指愈多！但我只有兩隻手，不能同時控制兩隻皮影偶啊！

邀請朋友一起操演皮影偶吧！

↑以一支鐵線作操縱杆，操控整個皮影偶的移動。

② 進階玩法

⚠鐵線纖幼，請小心使用，以免誤傷身體或眼睛。

↑在肢體末端額外黏合鐵線，操控肢體，讓皮影偶做出不同動作。

後台設置

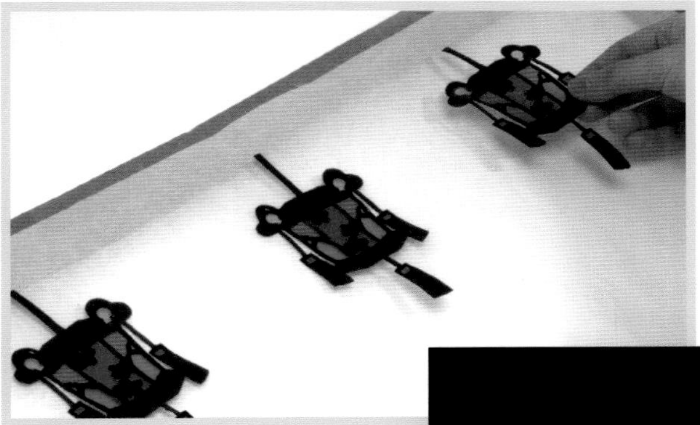

↑按喜好把裝飾貼在牛油紙上。

射燈於影幕後照射，表演者站於兩旁操控皮影偶。注意需把皮影偶緊貼影幕，才能投射出清晰的影像。

色彩繽紛的影子——皮影戲的光影原理

皮影偶的皮是半透明物質。光是以直線行走的，當光線被物件阻擋，會被吸收、反射或穿透該物件。若是半透明物質，則部分顏色的光會被吸收，其他顏色的光則會穿透，因而形成有顏色的影子。

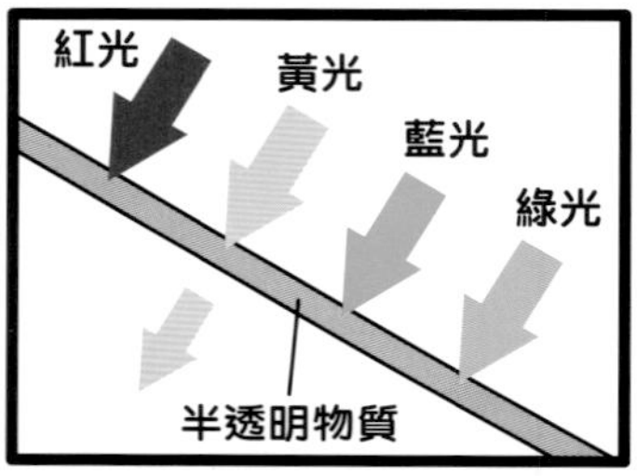

←這個半透明物質只能讓黃色的光穿透，其餘的光被吸收，形成黃色的影子。

在DIY皮影偶中，讓光線穿透的半透明物質就是玻璃紙。

皮影戲 開始！

除了射燈外，關掉室內其他光源，上演好戲吧！

科學DIY2

10

物理

挑戰完美着陸

彈力滑雪跳台

愛因獅子選手從跳台頂部高速滑落，突然縱身一躍，
在半空劃出一道長長的拋物線，再憑着完美的平衡技巧安全着地！
引來全場歡呼！這就是刺激的冬季運動「跳台滑雪」！
大家也想體驗一下這項運動的刺激感嗎？
那就來製作一座彈力滑雪跳台吧！

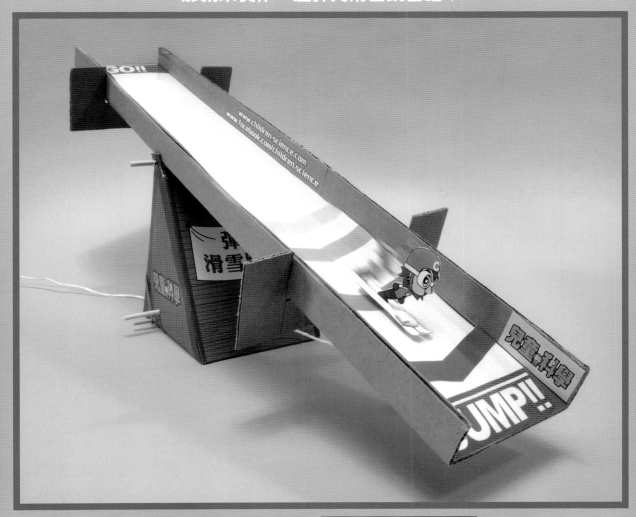

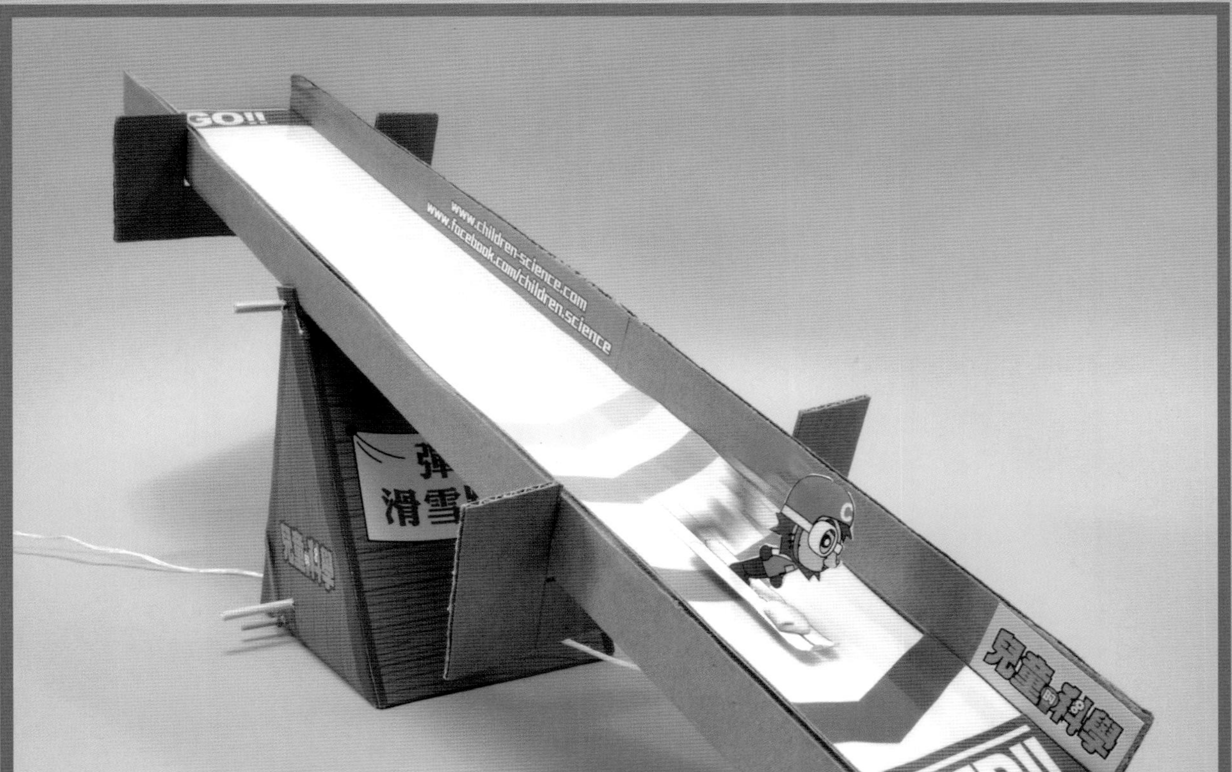

製作難度：★★★★★　製作時間：約 1小時

製作方法

工具

剪刀

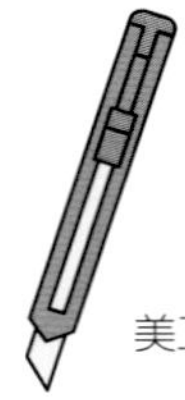
美工刀

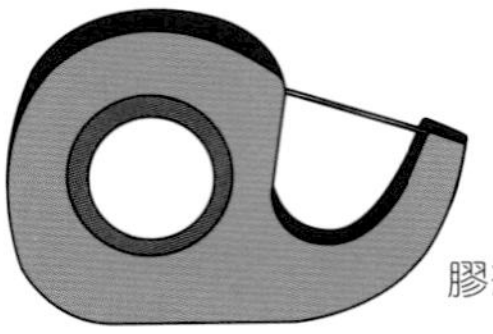
膠紙

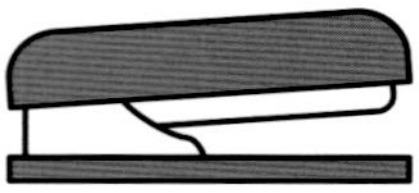
釘書機

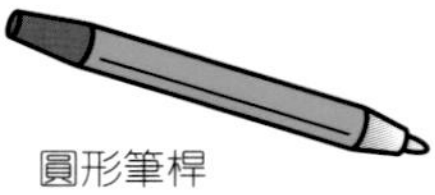
圓形筆桿

材料

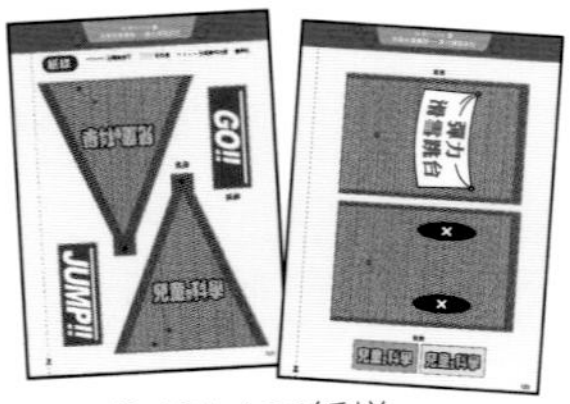
P.121-126紙樣

瓦通紙

竹簽

紙

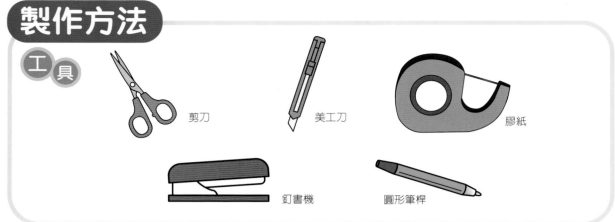

膠文件夾

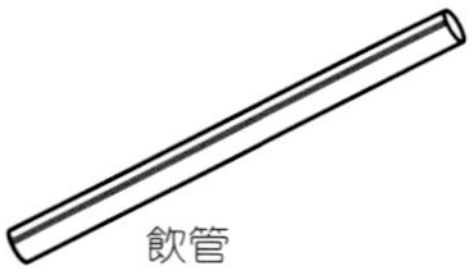
飲管

繩

牙簽

橡筋
(2-4條)

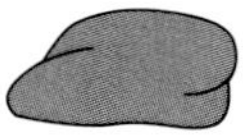
泥膠／萬用膠

瓦通紙紙樣參考

依不同紋理（如橫紋或直紋）裁切瓦通紙，會影響成品的強度，而順着紋理亦較容易摺曲，下面是瓦通紙的紋理及尺寸參考。

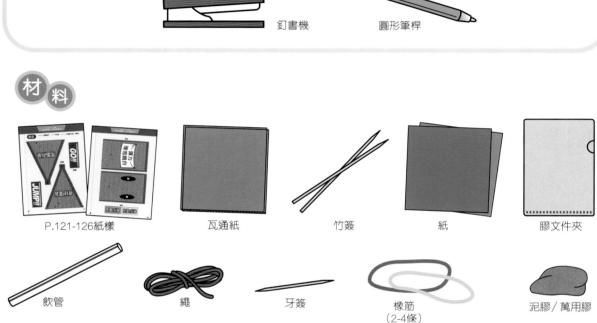

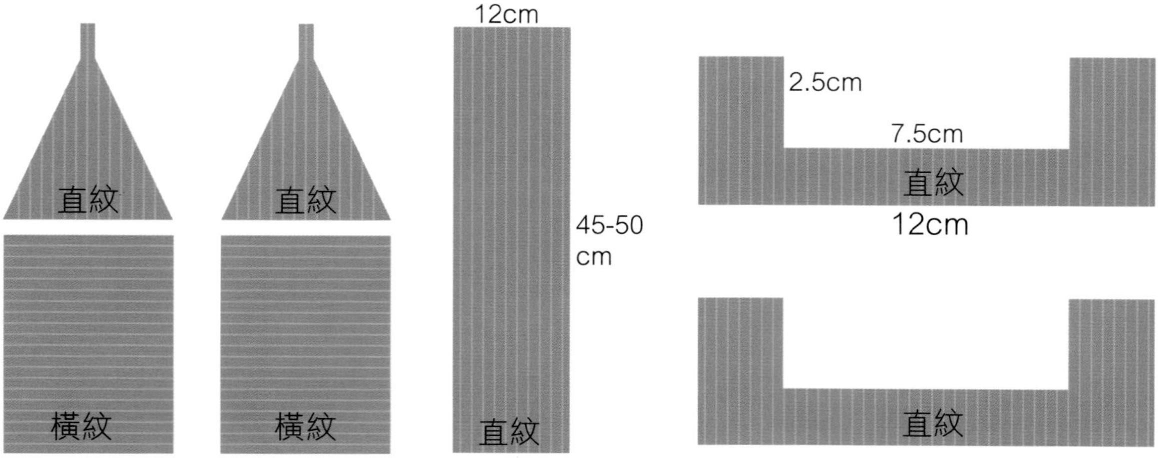

底座
滑道
U形卡

底座

材料

底座紙樣

瓦通紙

竹簽x3

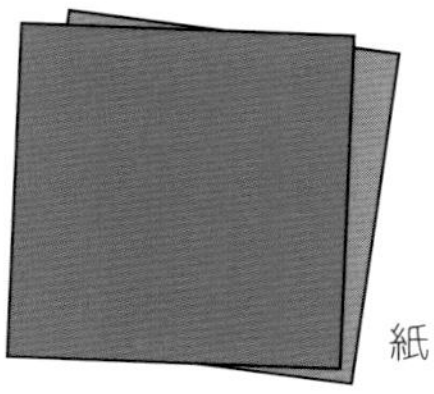
紙

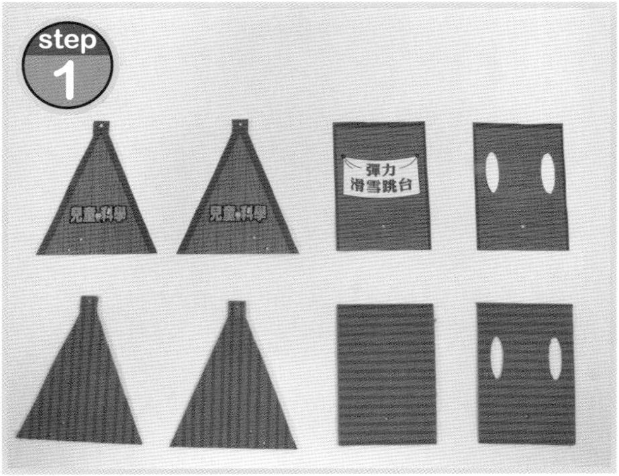

↑ 根據底座紙樣，裁出一份形狀大小相同的瓦通紙。留意紋理方向。

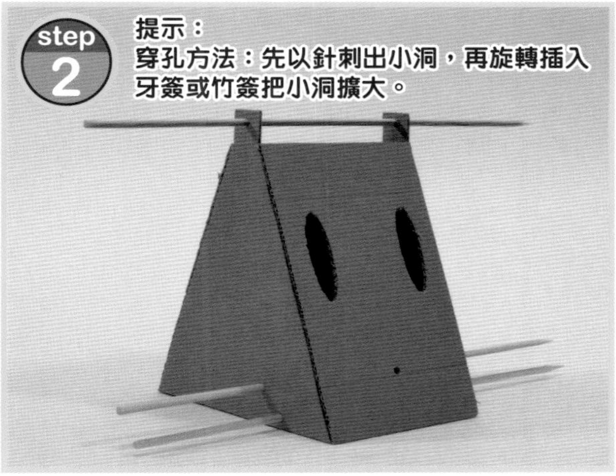

step
2
提示：
穿孔方法：先以針刺出小洞，再旋轉插入牙簽或竹簽把小洞擴大。

↑ 如圖用膠紙組合好底座並穿入竹簽。

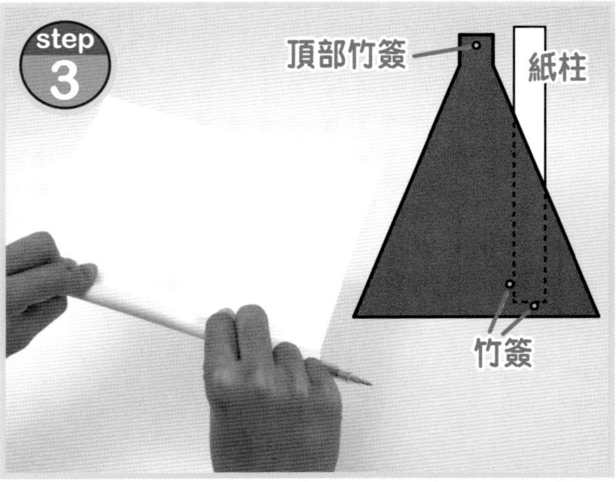

↑ 利用筆桿輔助，捲出兩條略高於頂部竹簽（約12cm長）的紙柱。紙柱放入缺口時，應如圖由竹簽支撐及固定。

↑ 如開口太大，可以加粗紙柱。請家長幫忙修剪過長的竹簽。

滑道

材料

GO!!
JUMP!!
兒童的科學
兒童的科學

裝飾紙樣

瓦通紙　飲管　繩　膠文件夾

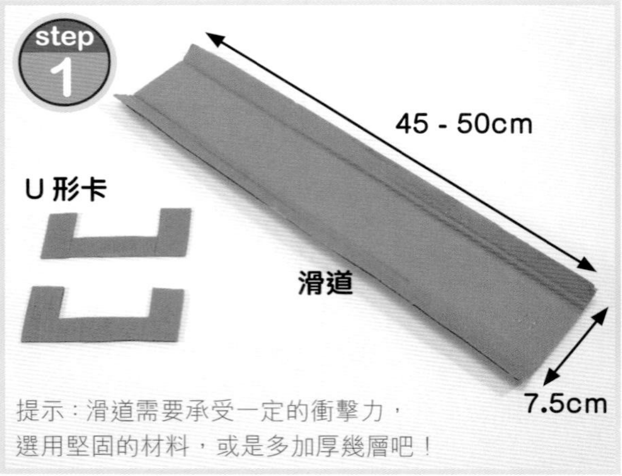
step 1
45 - 50cm
U 形卡
滑道
7.5cm
提示：滑道需要承受一定的衝擊力，
選用堅固的材料，或是多加厚幾層吧！

↑利用厚紙板或瓦通紙製作滑道及鞏固用的U形卡吧！如圖裁出紙皮，若使用瓦通紙，記得留意要順着紋理摺曲啊！

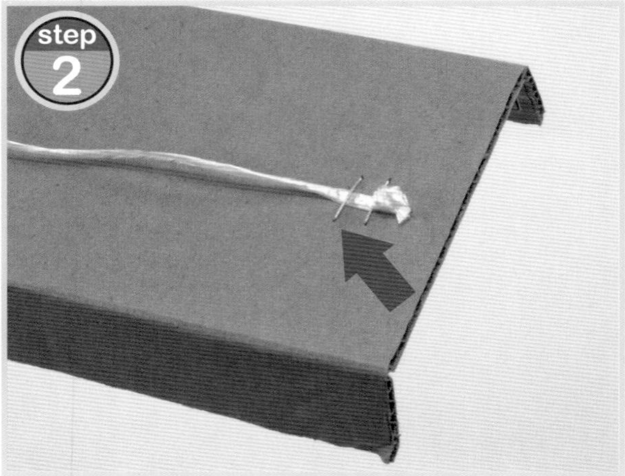
step 2

↑用釘書釘把繩子固定在底部前端。

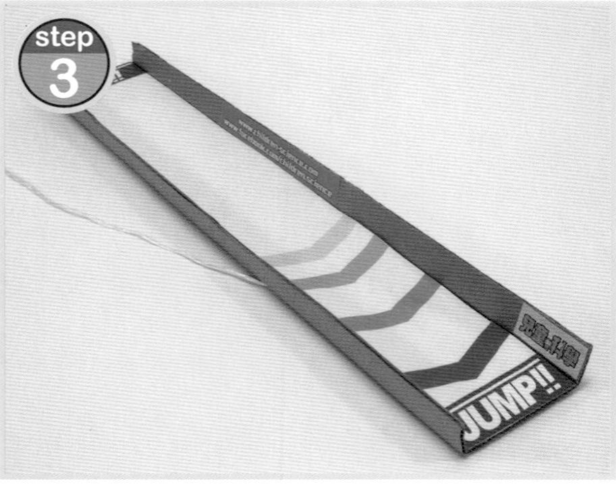
step 3
JUMP!!

↑貼上喜歡的裝飾吧！

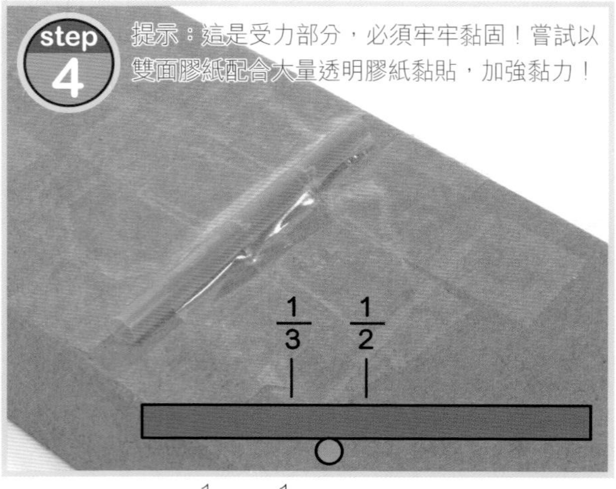
step 4
提示：這是受力部分，必須牢牢黏固！嘗試以
雙面膠紙配合大量透明膠紙黏貼，加強黏力！
1/3
1/2

↑在底部後方 $\frac{1}{2}$ 至 $\frac{1}{3}$ 之間的位置貼上一小段飲管。

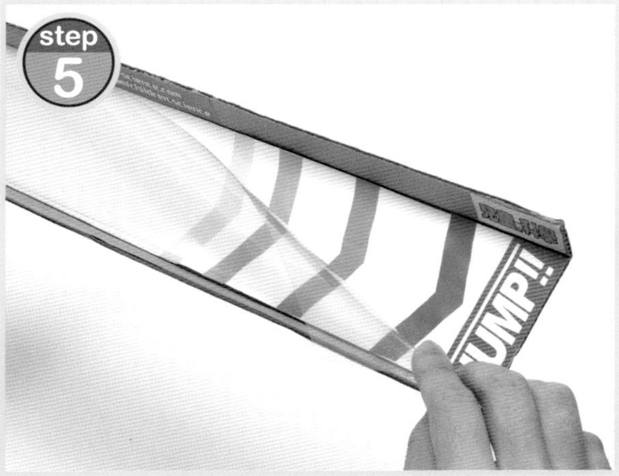

↑ 把膠文件夾剪成滑道形狀，然後覆蓋，貼在表面。（使用平滑的膠片更佳。）

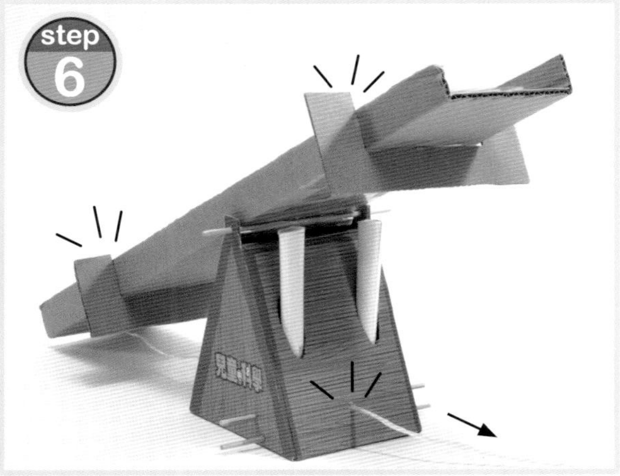

↑ 把繩子穿過底座前後兩個孔。扣上U形卡。

滑道組合完成！

彈力部分

材料

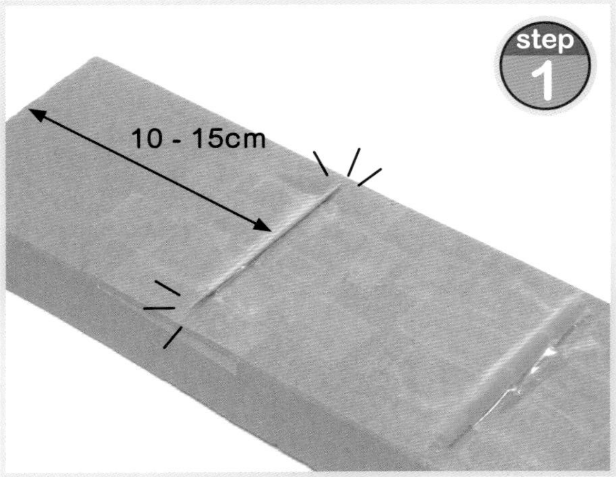

↑ 視乎橡筋的長度，在離末端10-15cm的位置貼上一支牙簽。留意須露出牙簽兩端以勾住橡筋。

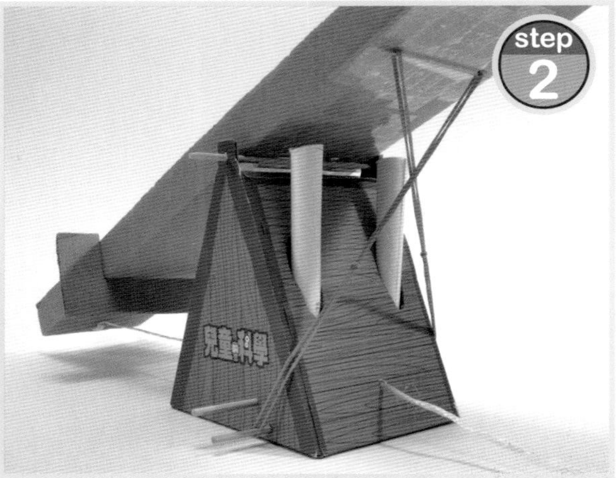

↑ 如圖把橡筋勾住竹簽，測試一下滑道彈射的情況。可視乎情況增加橡筋數目，但要留意製成品的強度是否足以支撐其拉力！

為免跳台因長時間受力而變形受損，不使用時最好把橡筋拆除。

也要小心別被竹簽和牙簽戳傷！

滑雪選手

材料

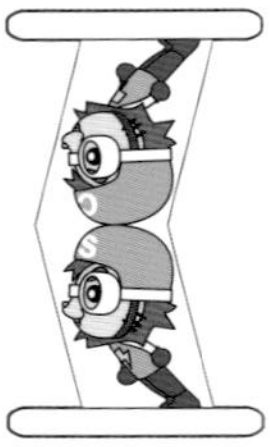
選手紙樣

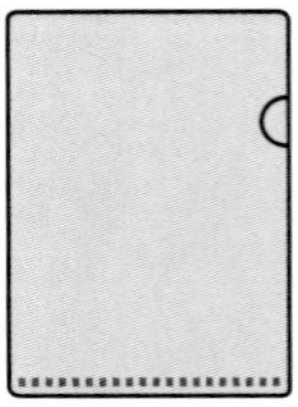
膠文件夾

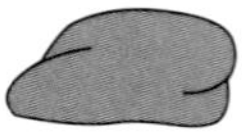
泥膠／萬用膠

↑剪出紙樣，如圖摺好。

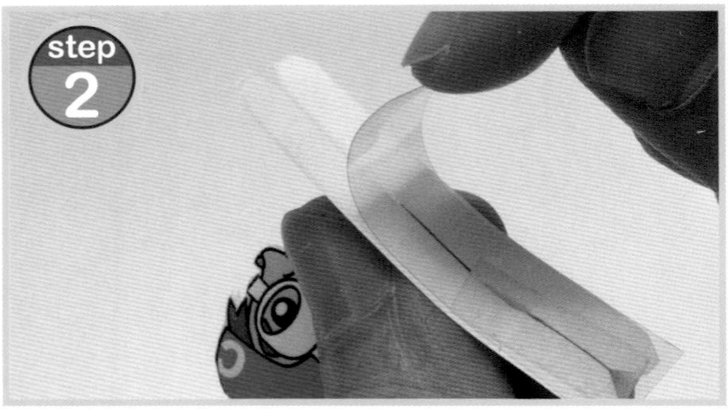

↑在底部貼上一層平滑的膠片。（可由膠文件夾裁剪。）

↑把滑雪板前端的膠片捲起。

↑黏上一小塊泥膠或萬用膠增加重量。試試不同重量和位置對彈射的影響吧！

為何要捲起膠片？

捲起的膠片會把滑行時流經的氣流送往底部，形成一層薄薄的氣墊，減低摩擦力，增加速度！

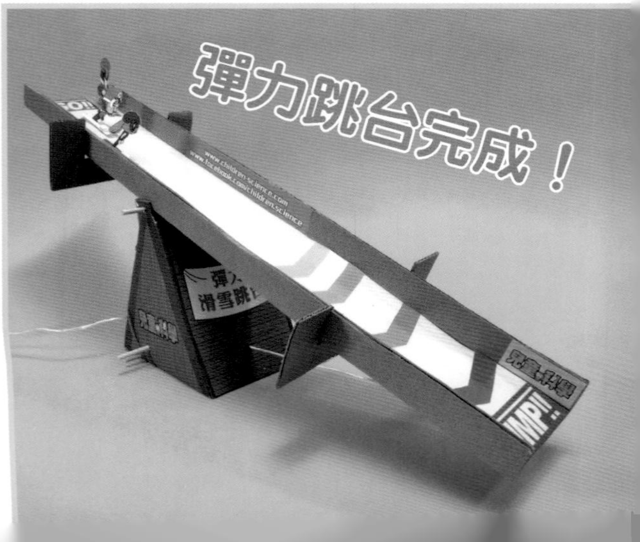

玩法

① 選手就位

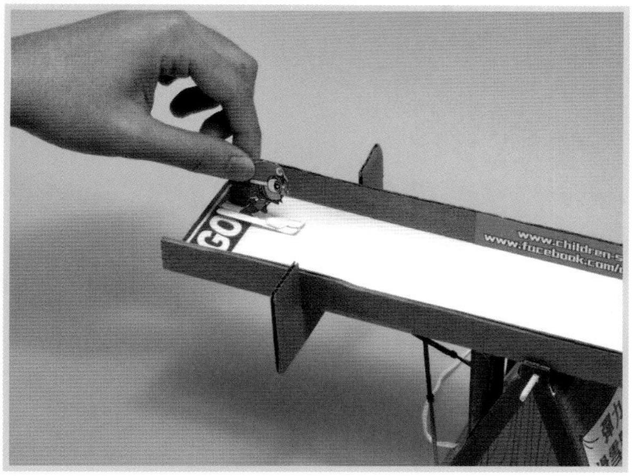

↑ 把選手放在滑道末端。

② 全力衝刺！

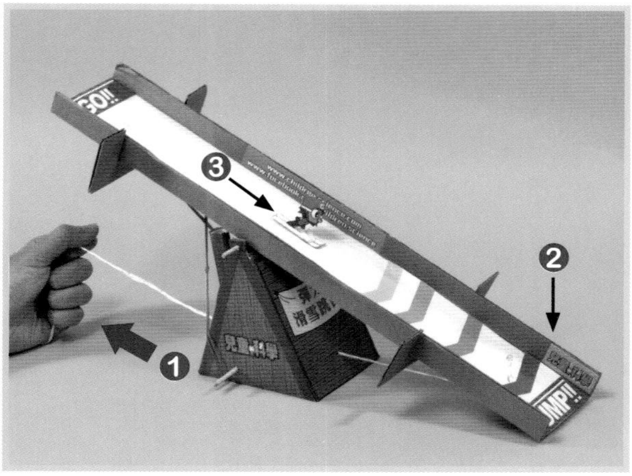

❶快速拉動繩索
❷滑道傾斜
❸選手瞬間起動衝刺！

③ 縱身一躍！

↑ 選手滑動至滑道末端時，鬆開繩索讓滑道彈起，使選手一躍而起！

④ 完美着地！

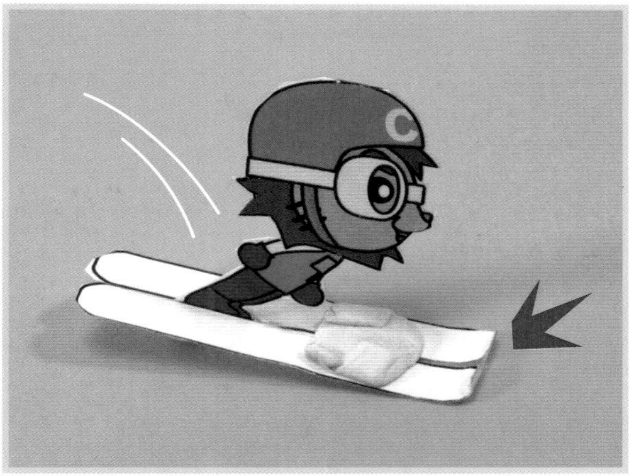

↑ 翻側跌倒的話，會被取消資格啊！

為甚麼你能跳得那麼高？
因為橡筋有彈性啊！
對，彈性位能改變了愛因獅子滑行的方向，令他跳起。

甚麼是彈性？

無論多堅硬的物件，當受到撞擊、拉扯或擠壓時，多少都會變形，只是肉眼未必能觀察到。而物件在受力變形後，如果能回復原狀，便屬於「有彈性」。愈富彈性的物體，受力時的變形程度愈大，也能承受更大程度的變形。

甚麼是彈力？

有彈性的物件發生變形時，由於要回復原狀，便會對造成變形的力產生抵抗，就如我們把橡筋拉長時會感受到它的拉力，這就是彈力。

彈力的大小依物料特性和變形程度而定。變形愈厲害，彈力愈強。例如拉得愈長的橡筋，便有愈大的抵抗力度。

彈力的能量

能量擁有多種存在形式，其中位能是指「被儲存起來的能量」。當我們用力把橡筋拉長時，橡筋會以彈性位能的形式把我們施展的力儲存起來，並在回復原狀時釋放。拉弓射箭以及按動原子筆也是相同的情況。

8大星球大戰棋

紙樣

棋盤

請依- - - - - - -線將棋盤剪下。

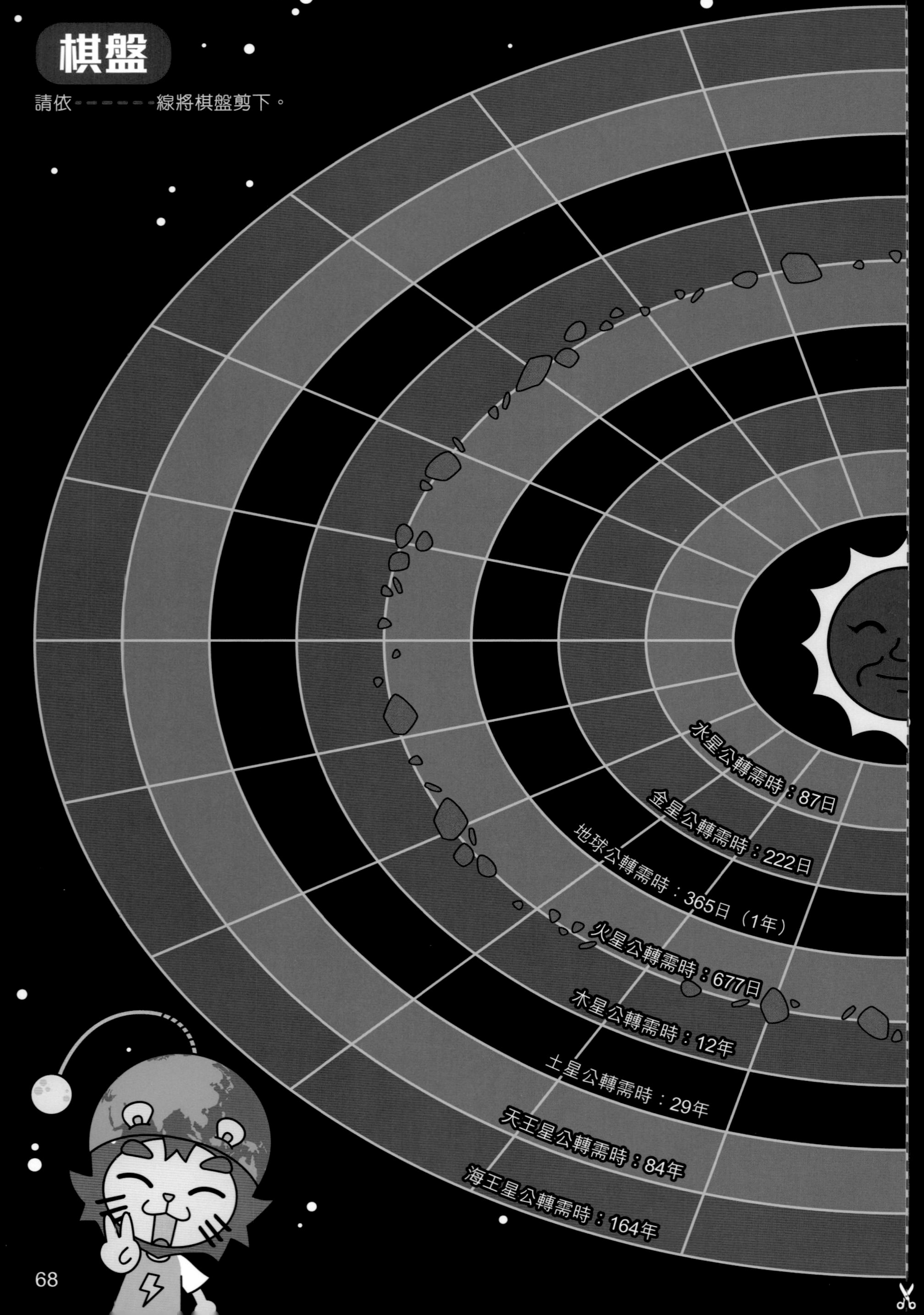

水星公轉需時：87日
金星公轉需時：222日
地球公轉需時：365日（1年）
火星公轉需時：677日
木星公轉需時：12年
土星公轉需時：29年
天王星公轉需時：84年
海王星公轉需時：164年

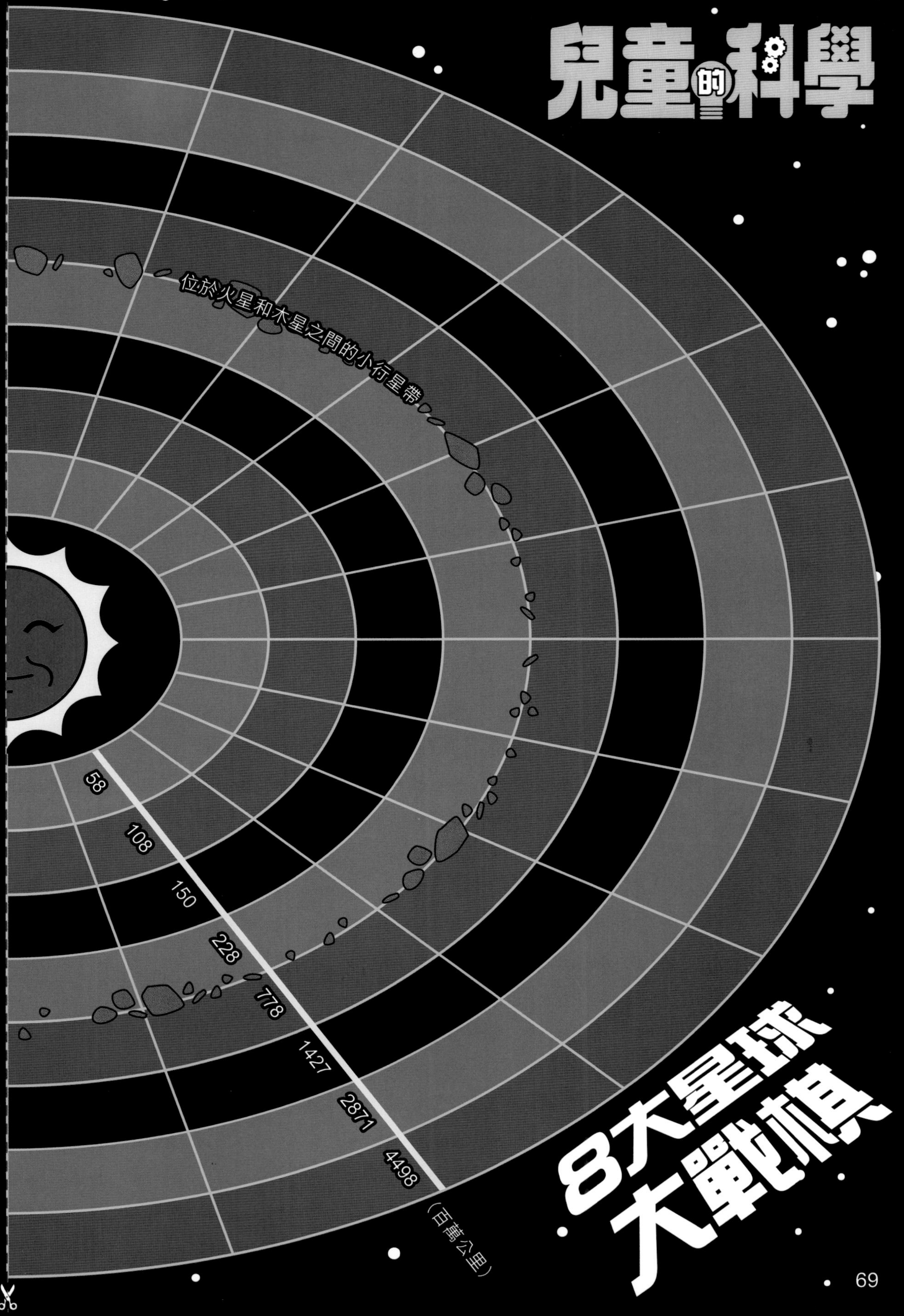
兒童的科學
位於火星和木星之間的小行星帶
58
108
150
228
778
1427
2871
4498
（百萬公里）
8大星球大戰棋

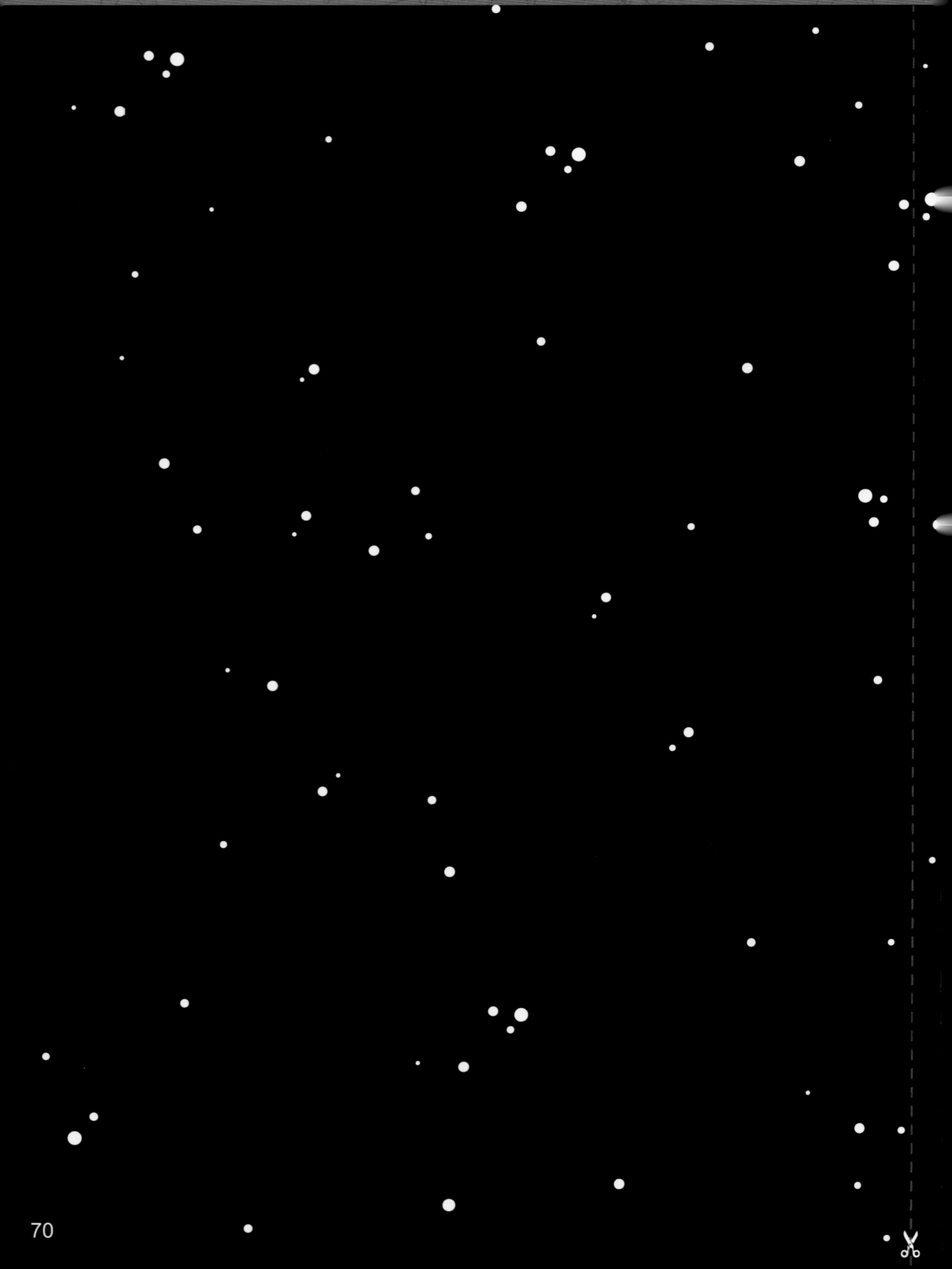

星球棋子

請依————線將行星剪下作棋子用。

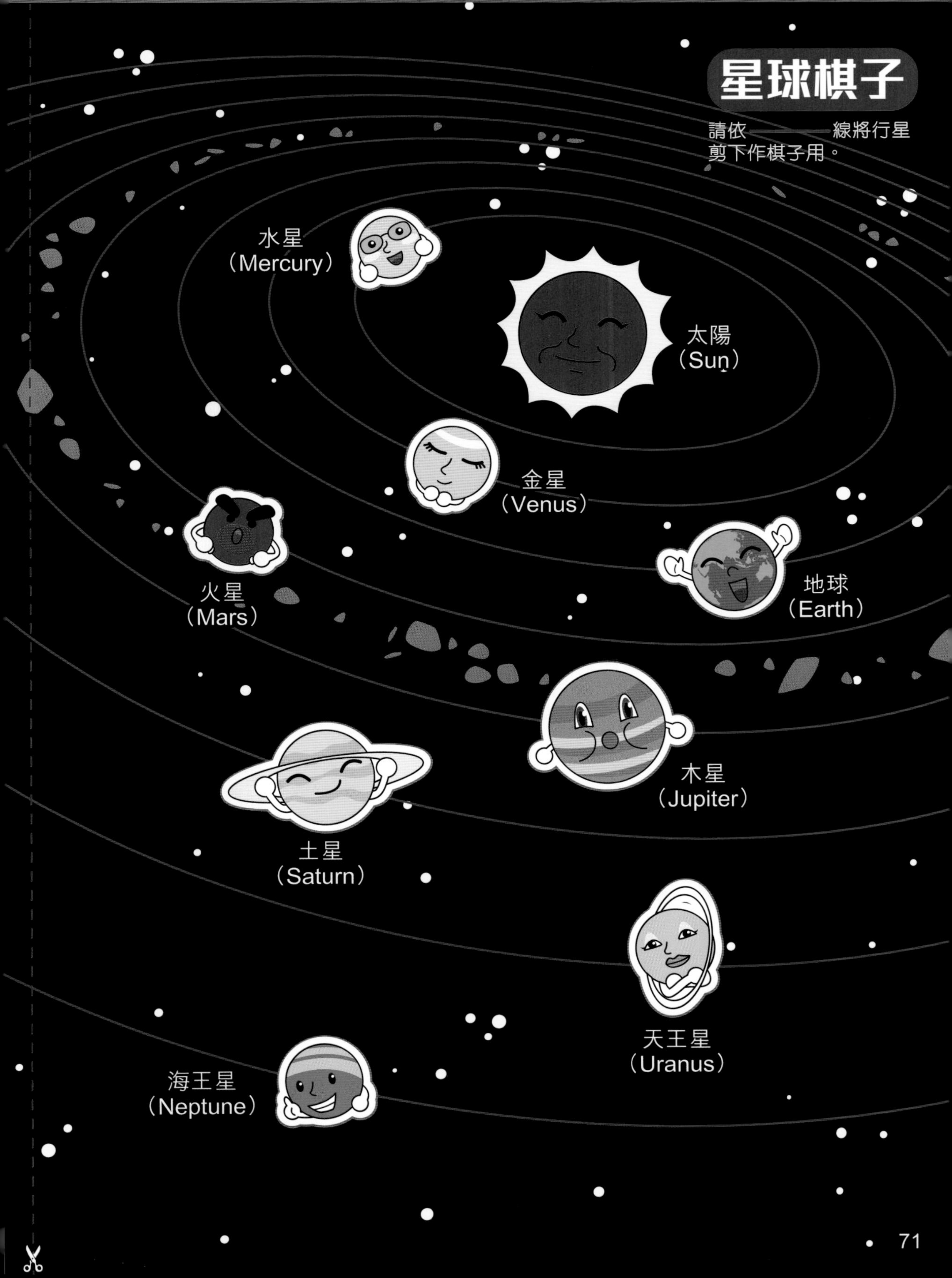

紙樣

沿實線剪下　沿虛線向內摺　黏合處　剔開

大熊貓
Giant panda

大嘴鳥
Toucan

家貓

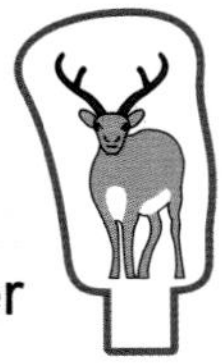

馴鹿
Reindeer

牛

埃及貓
Egyptian Mau

鸚鵡

家雞

火雞
Turkey

皇帝企鵝
Emperor Penguin

柴犬
Shiba inu

中華白海豚
Chinese white dolphin

德國
牧羊犬

北半球A

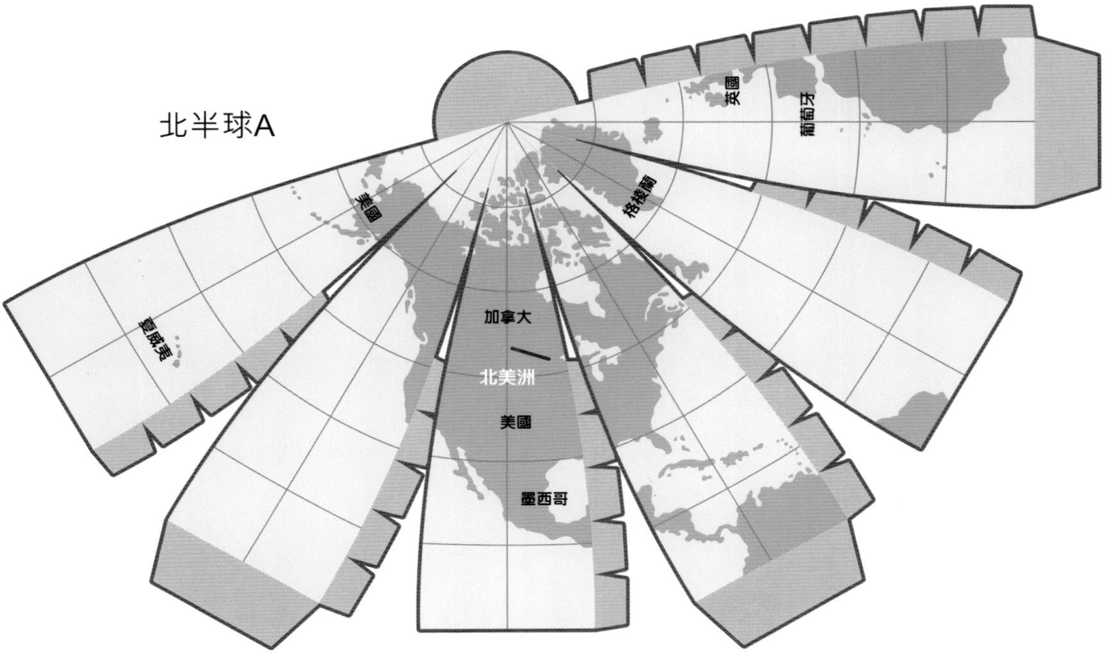
英國
葡萄牙
美國
格陵蘭
加拿大
夏威夷
北美洲
美國
墨西哥

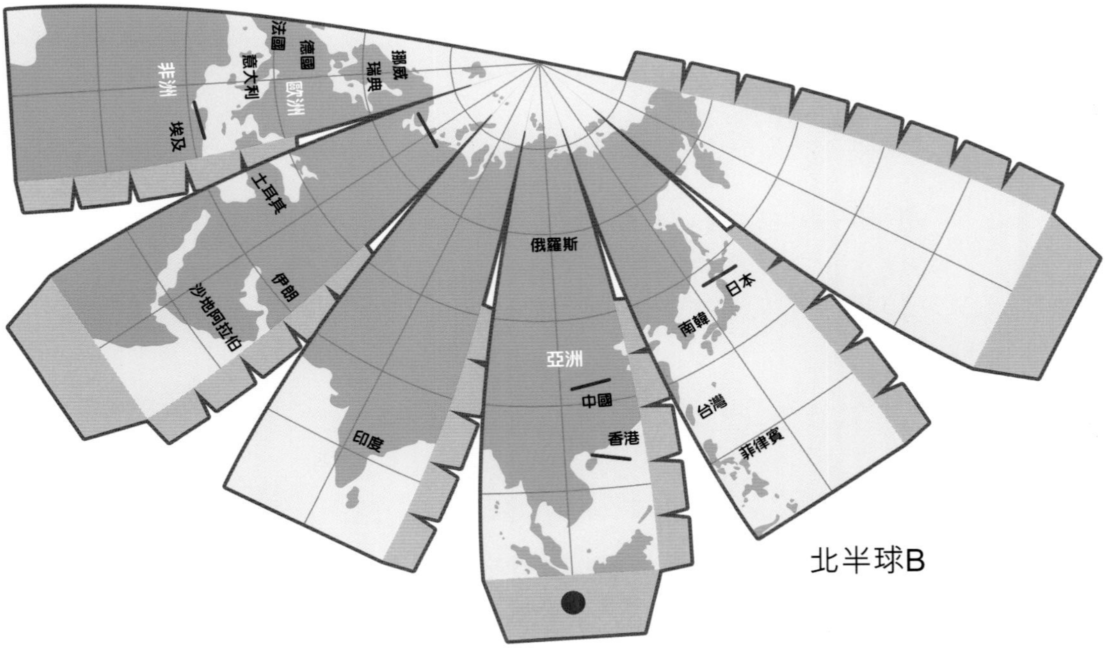
法國
德國
挪威
瑞典
非洲
意大利
歐洲
埃及
土耳其
俄羅斯
伊朗
沙地阿拉伯
日本
南韓
亞洲
中國
台灣
香港
菲律賓
印度

北半球B

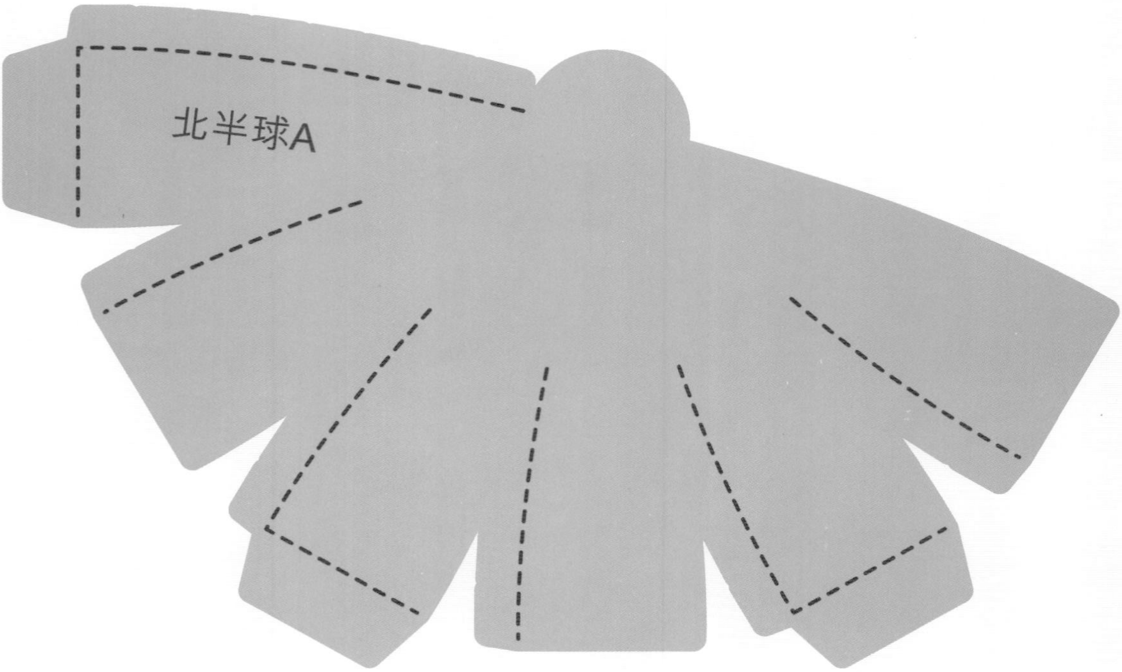
北半球A

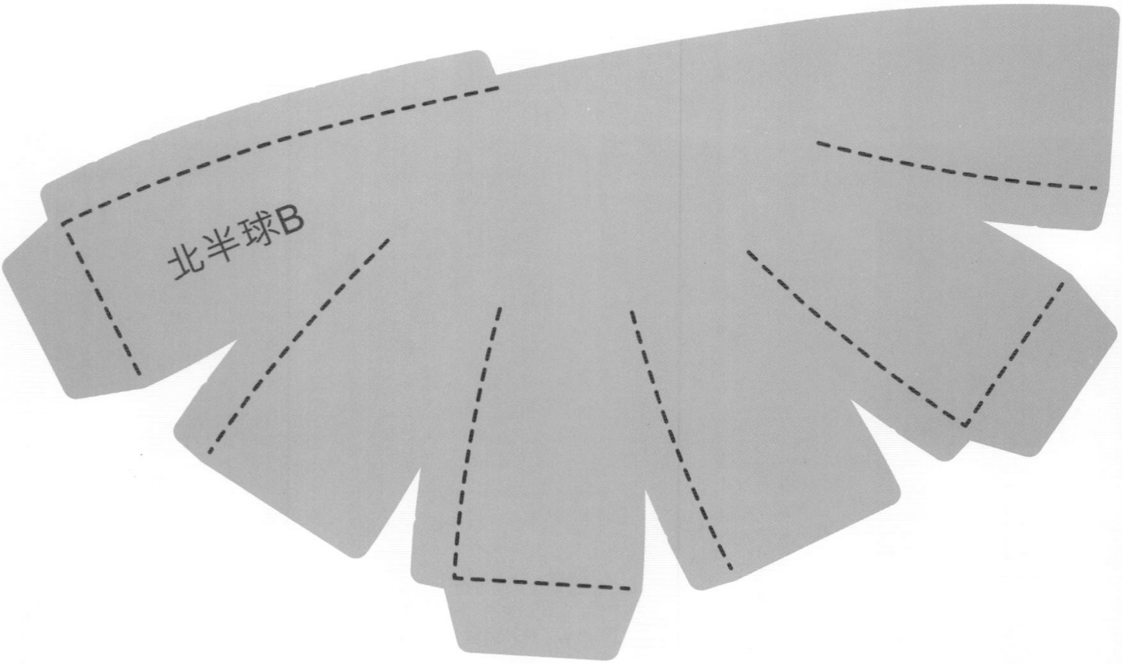
北半球B

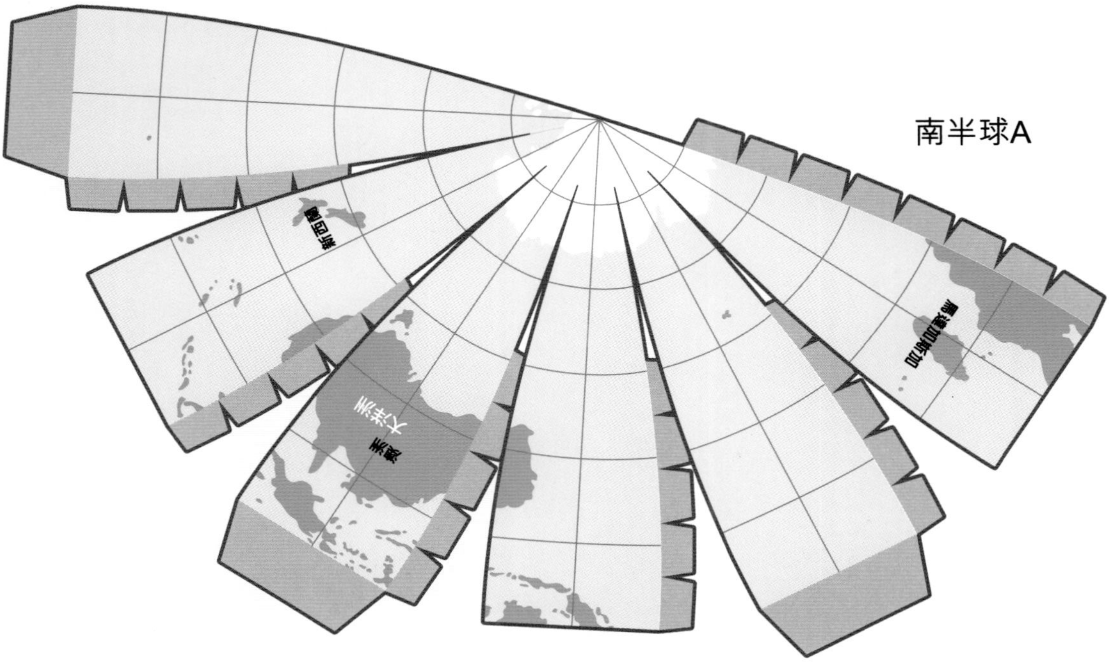
南半球A
新西蘭
大洋洲
澳洲
馬達加斯加

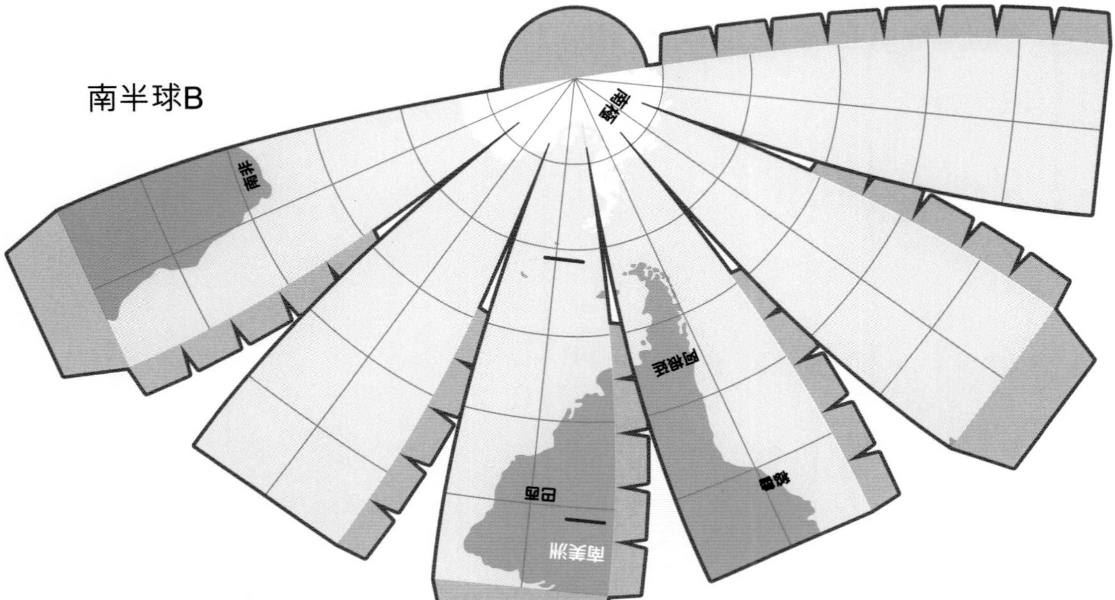
南半球B
南非
阿根廷
巴西
南美洲

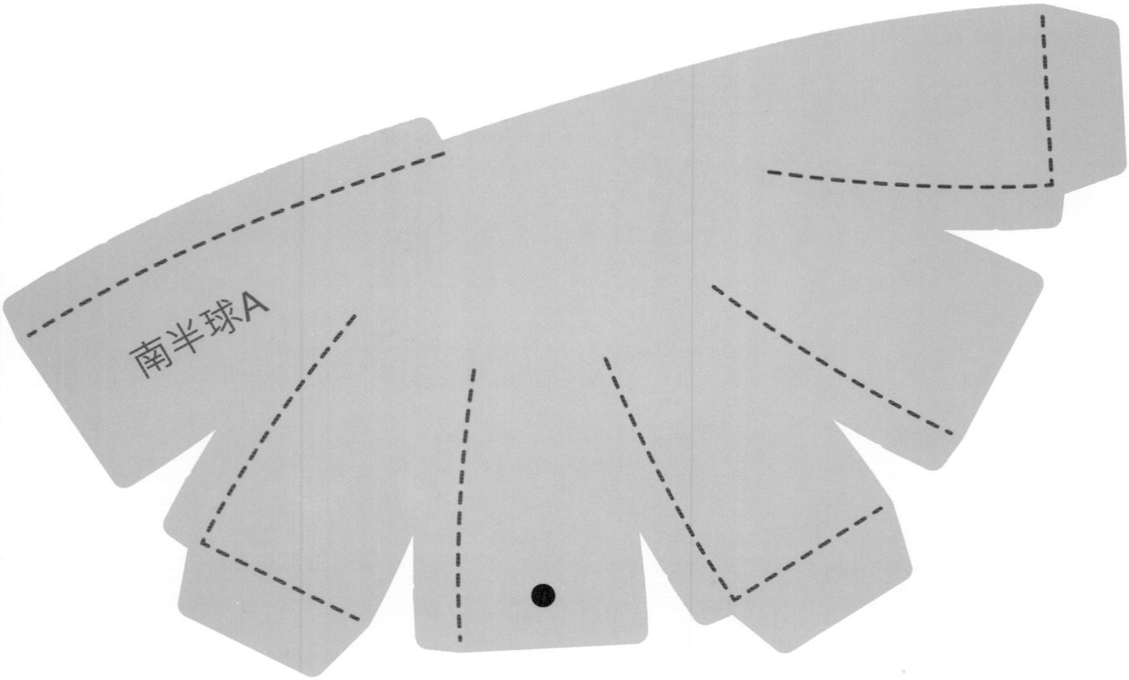
南半球A

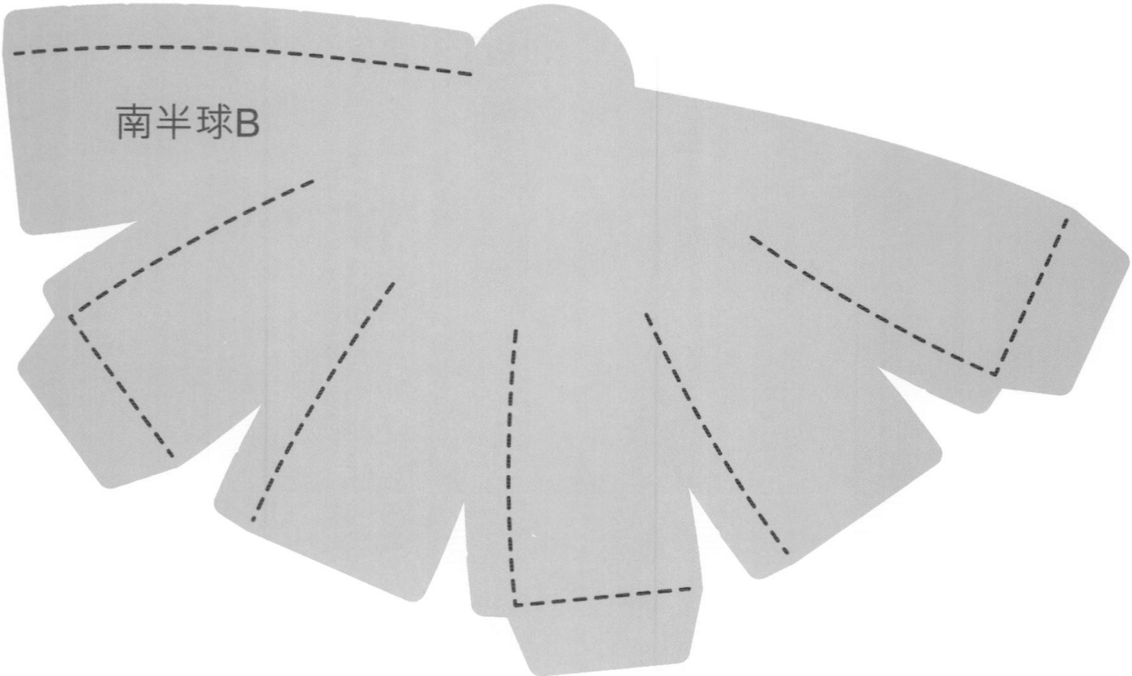
南半球B

紙樣

沿實線剪下　沿虛線向內摺　黏合處

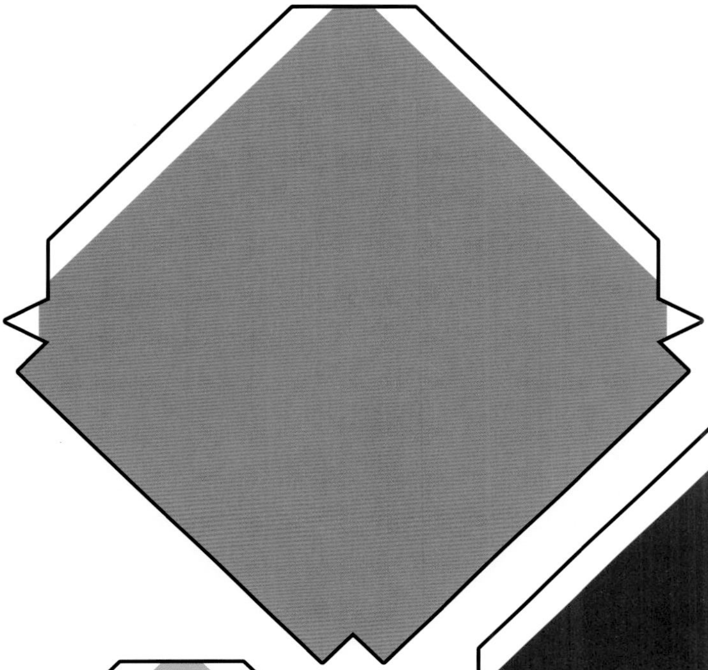

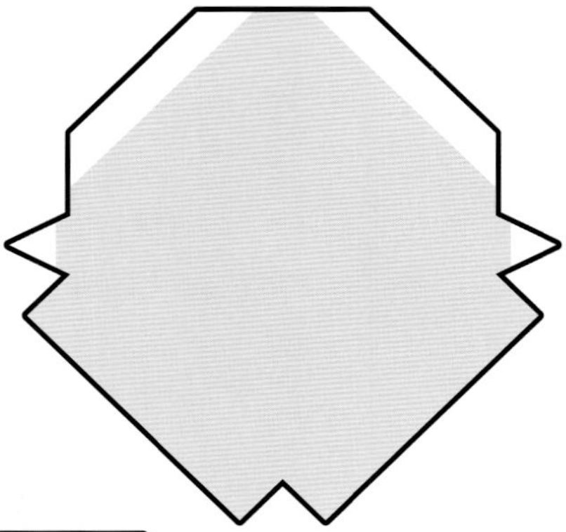

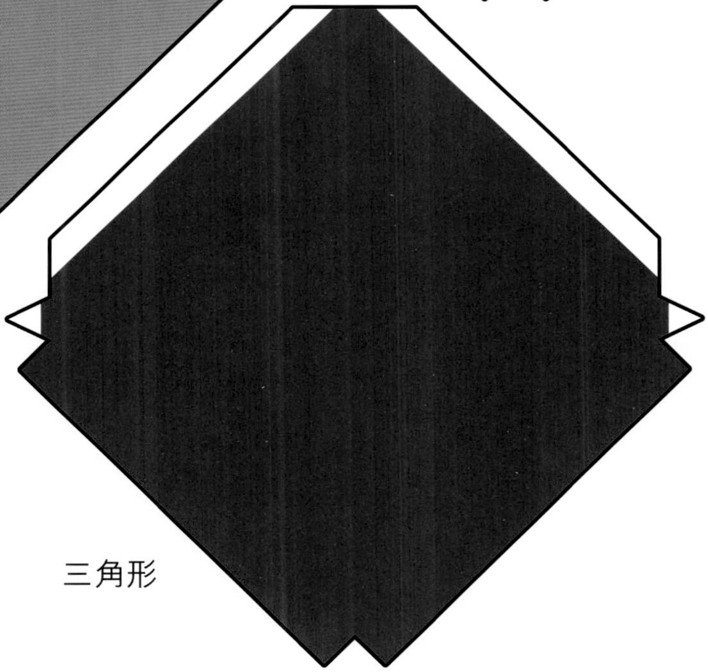

三角形

P.20七巧板圖案答案

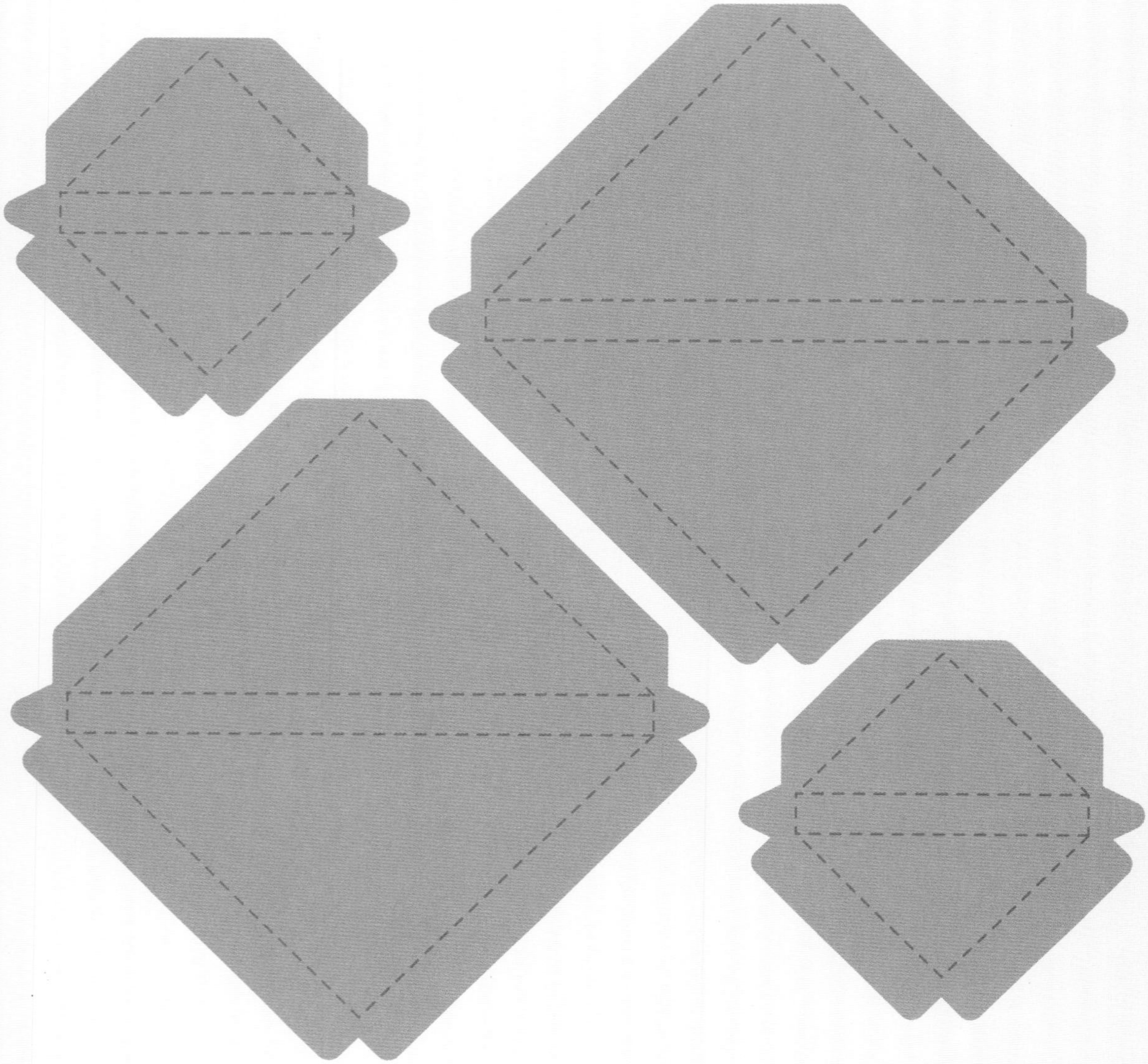

三角形

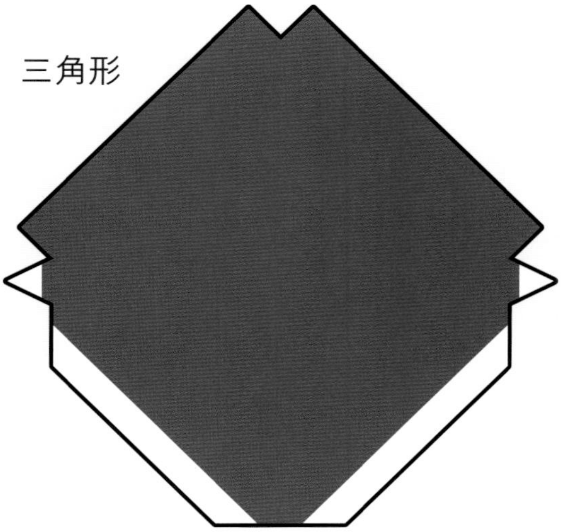

平行四邊形

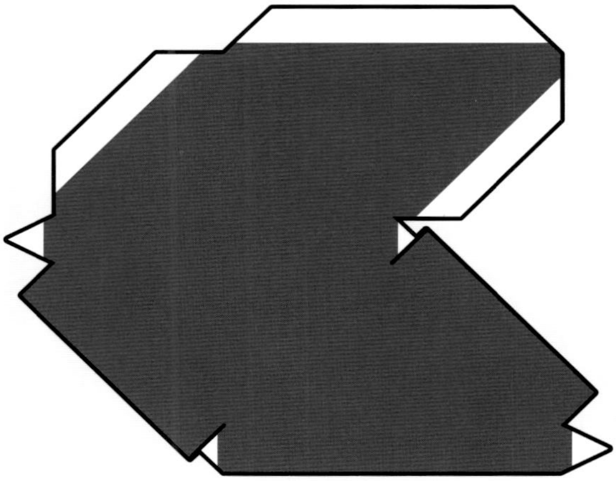

框條

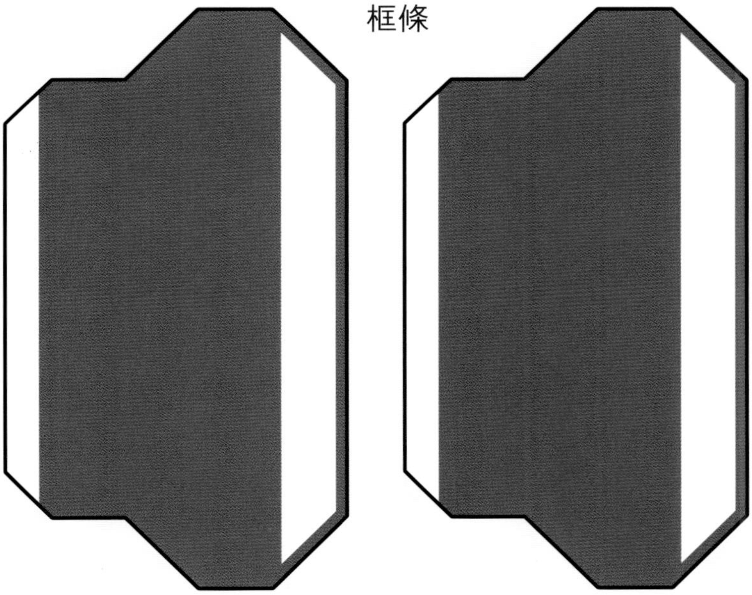

正方形

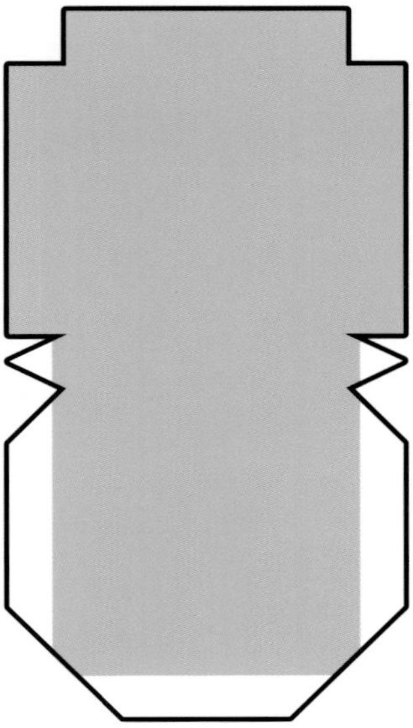

P.20七巧板圖案答案

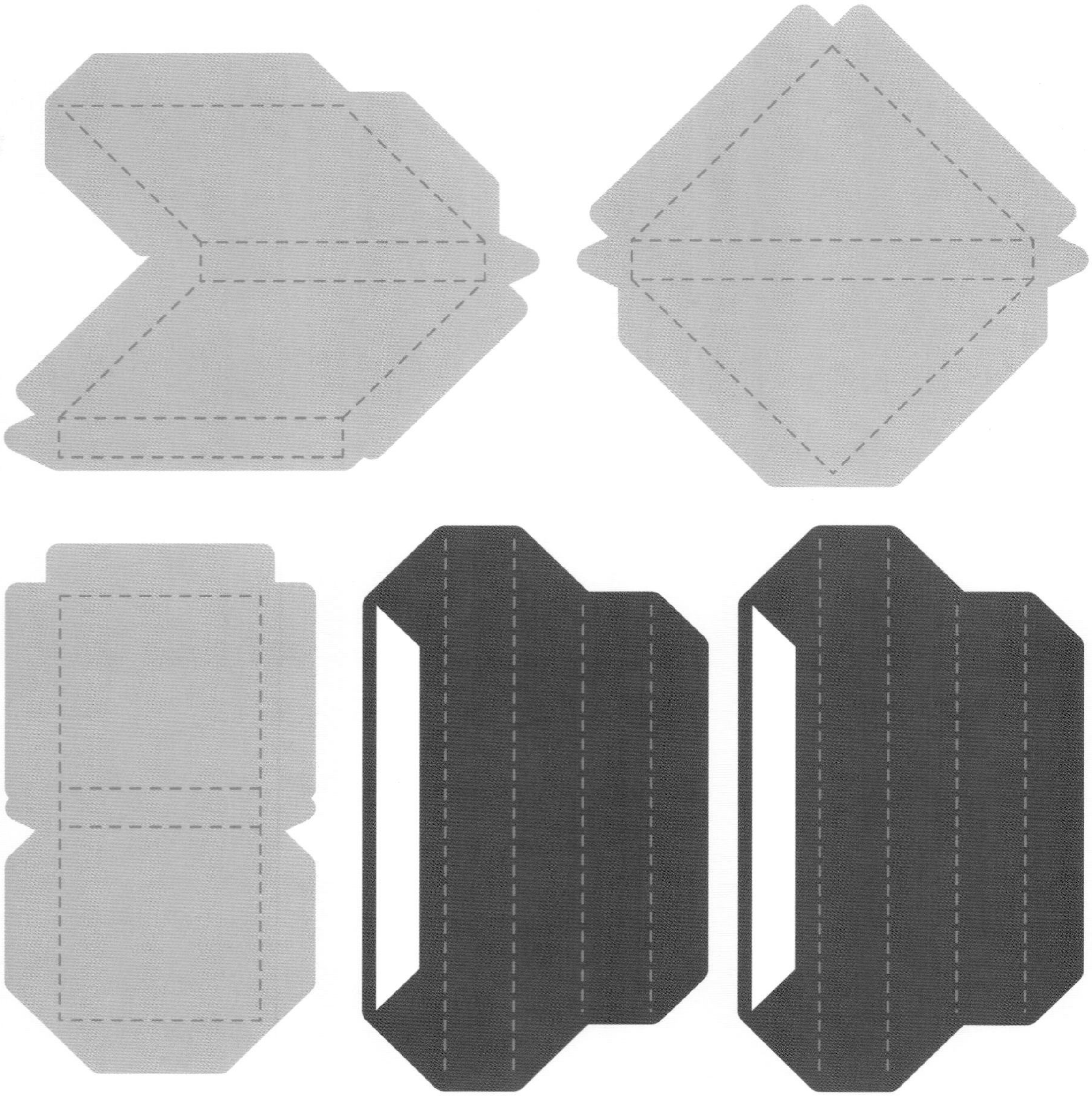

底面

框條

P.20七巧板圖案答案

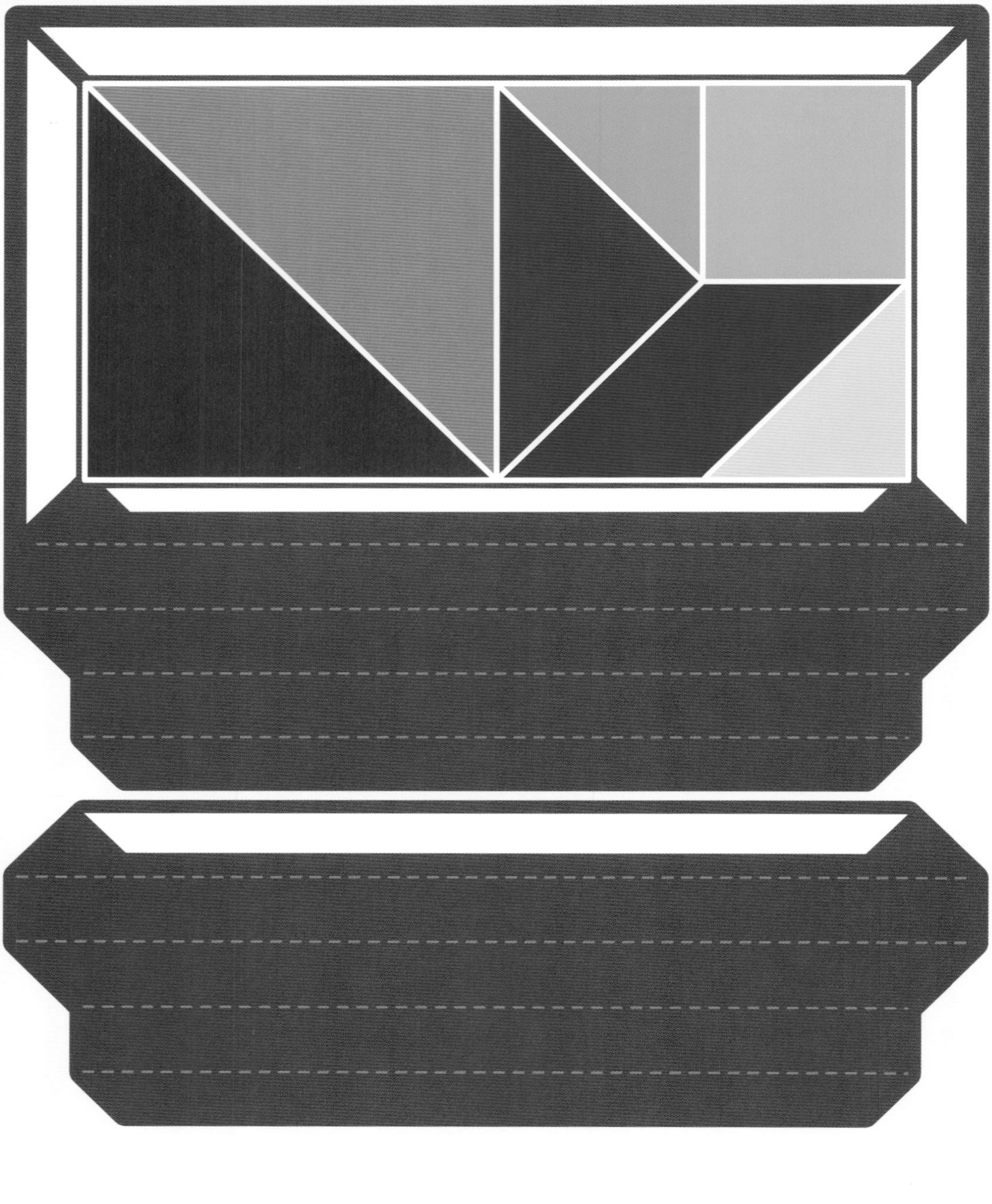

紙樣

沿實線剪下　沿虛線向外摺　沿虛線向內摺　黏合處

搖搖木紙樣

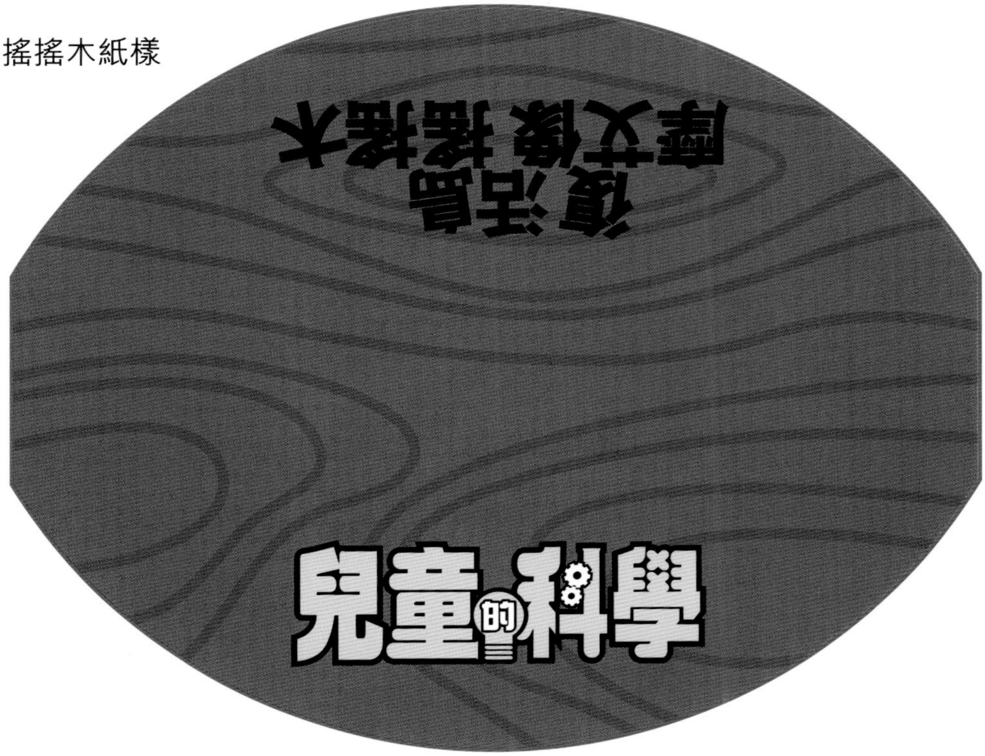

摩艾像紙樣

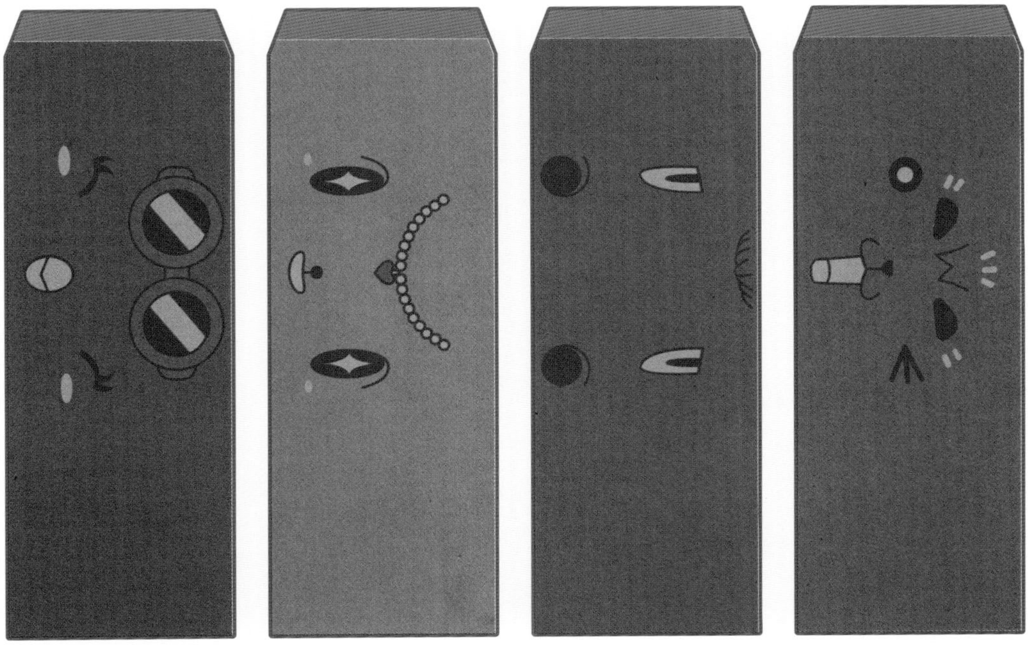

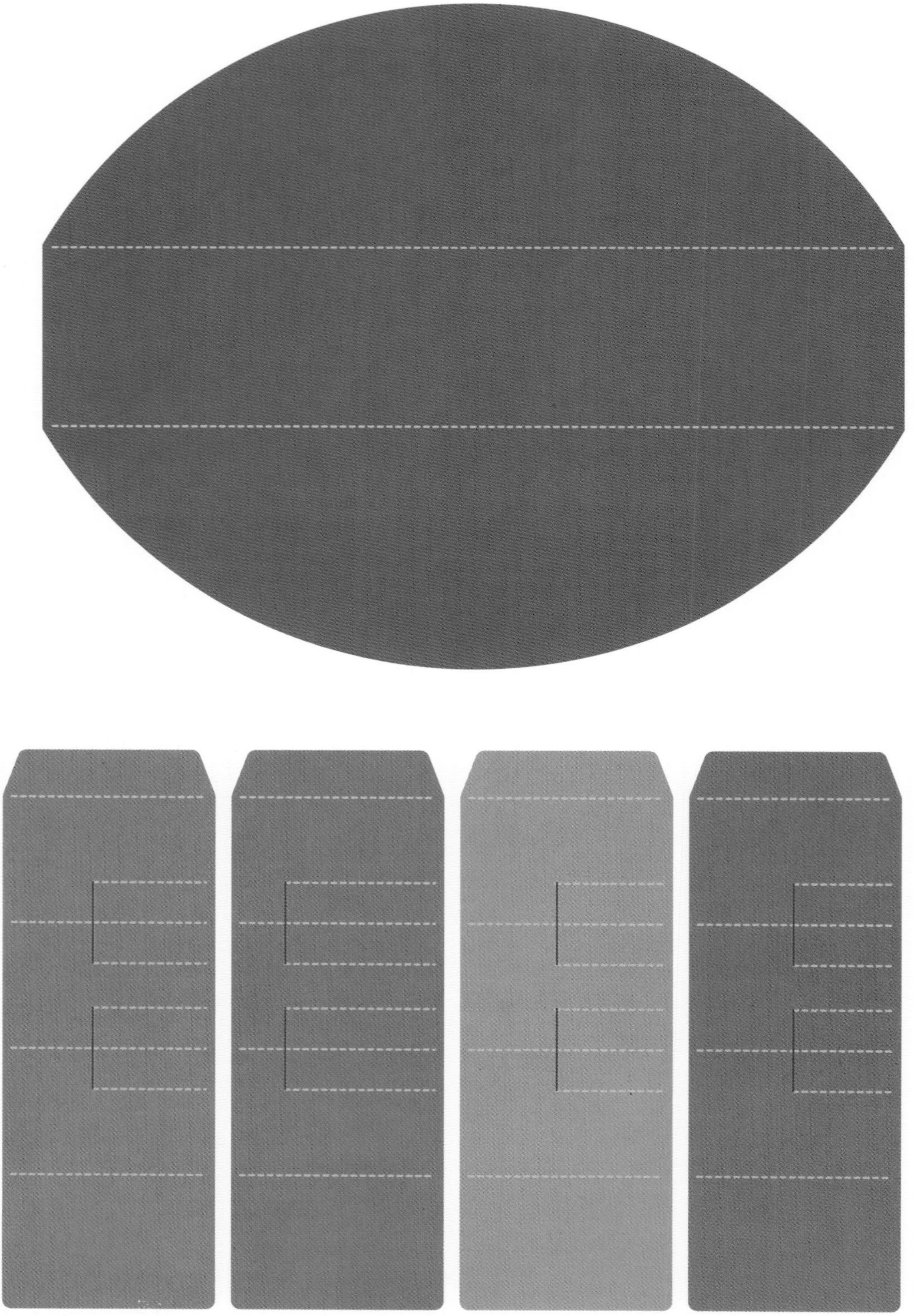

搖搖板紙樣

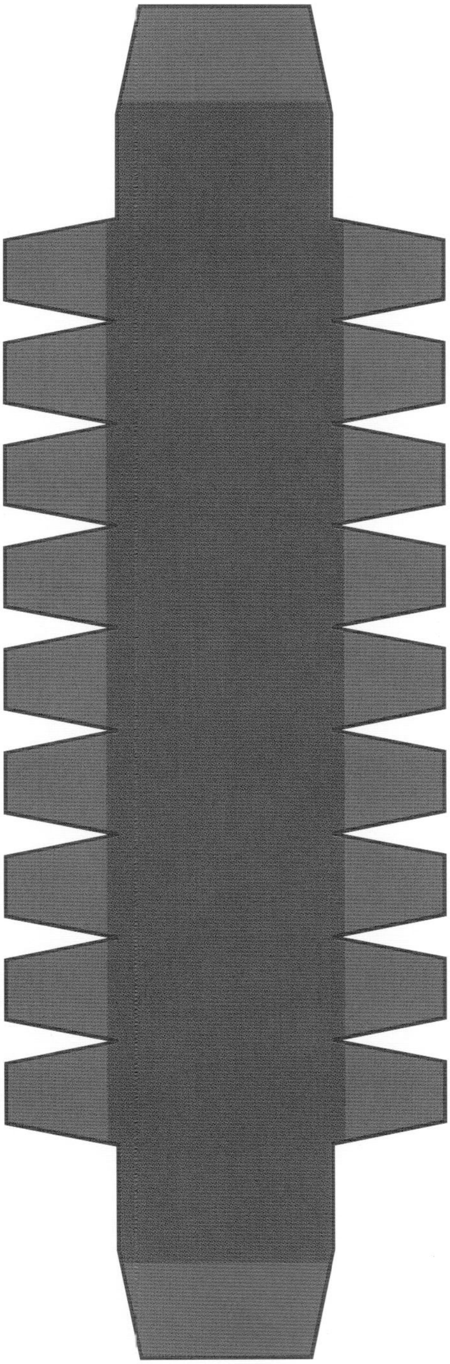

摩艾像紙樣

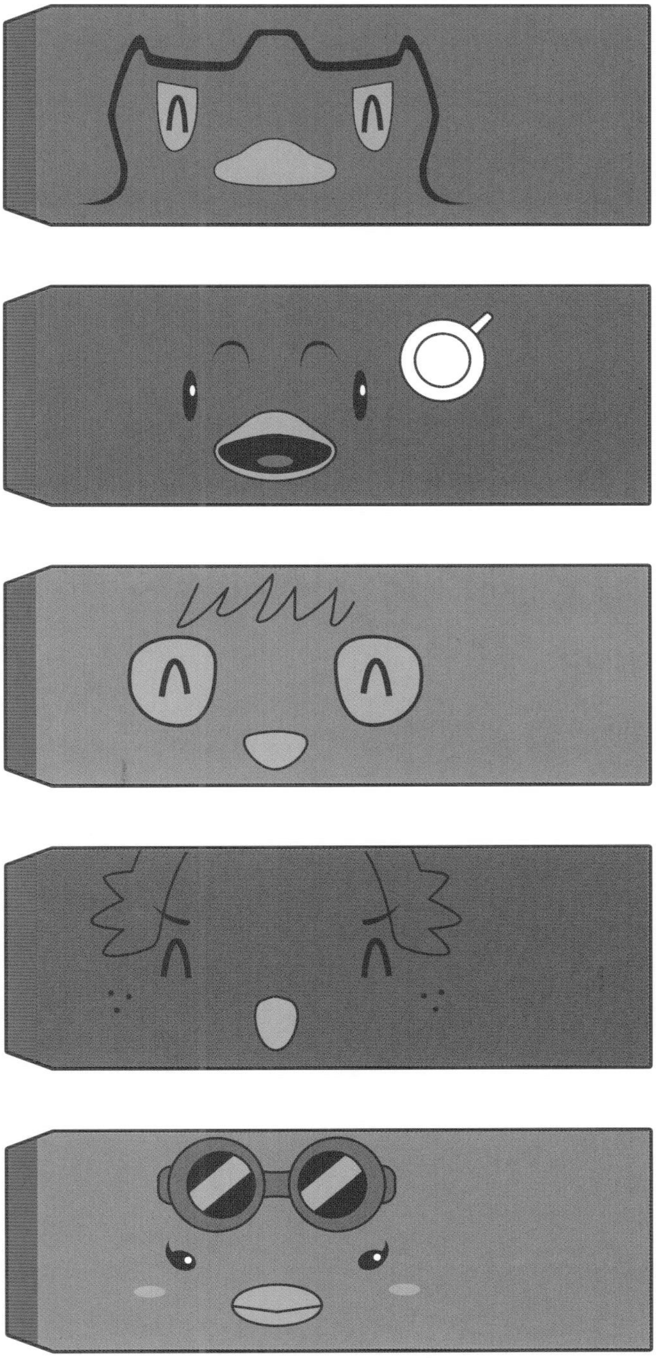

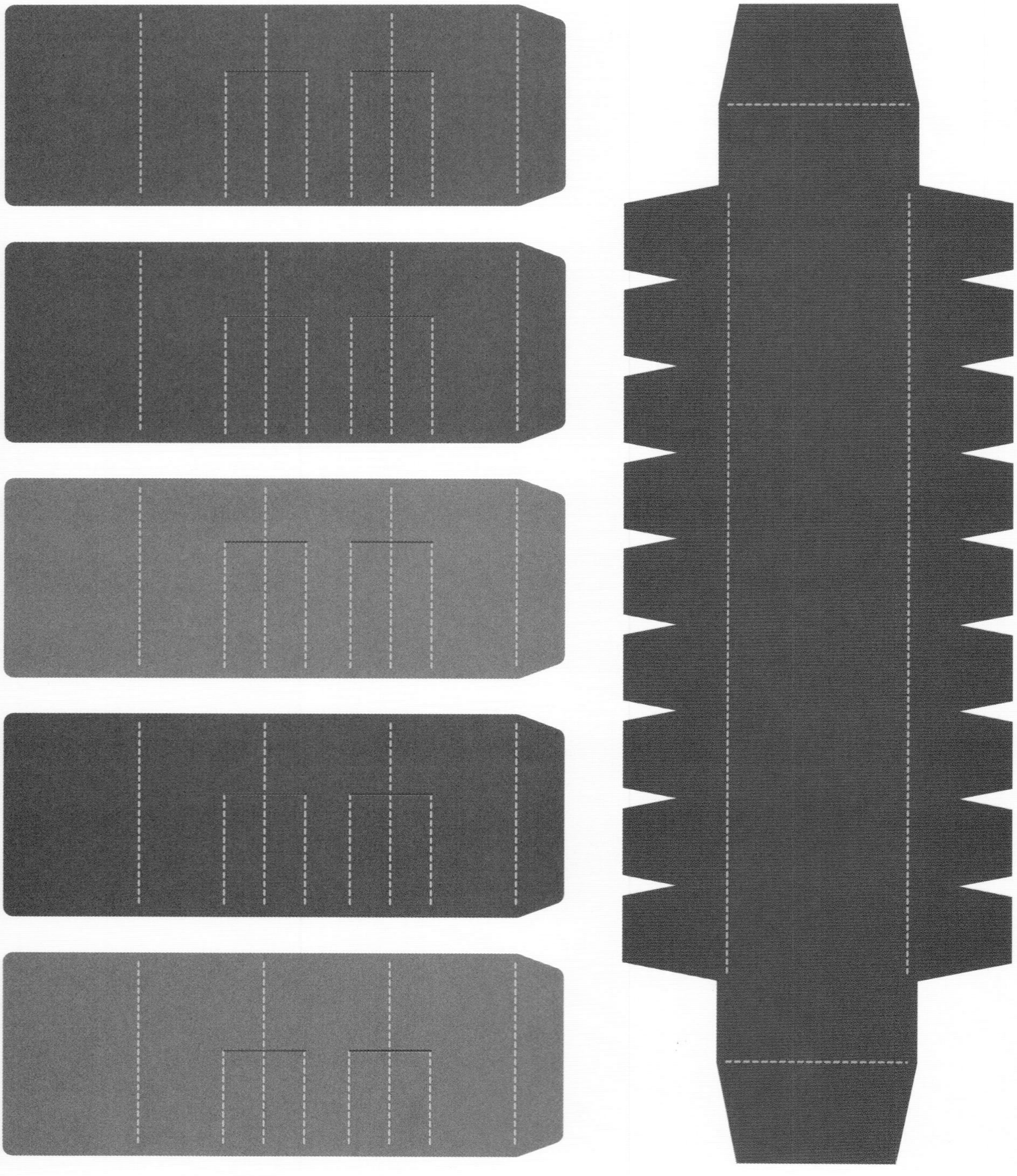

摩艾像紙樣

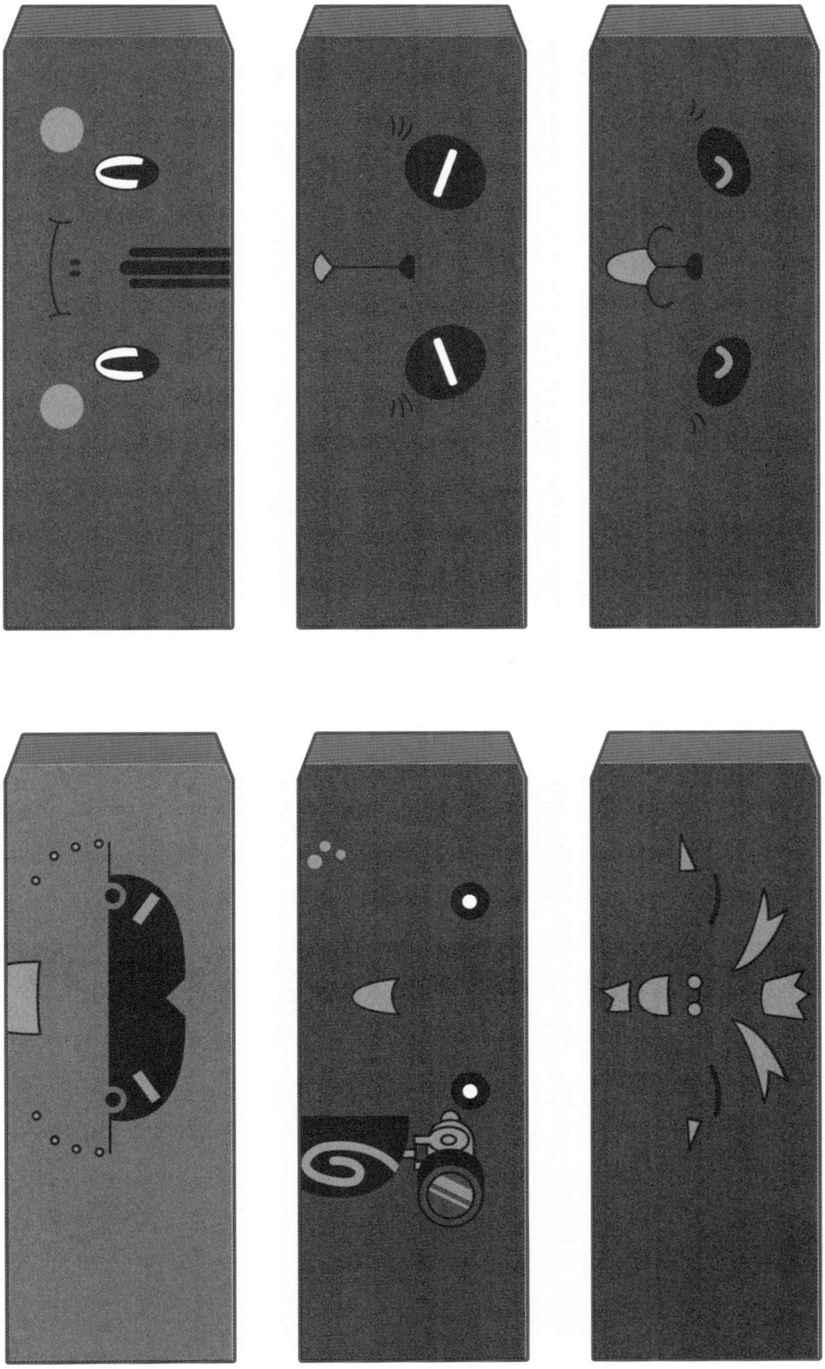

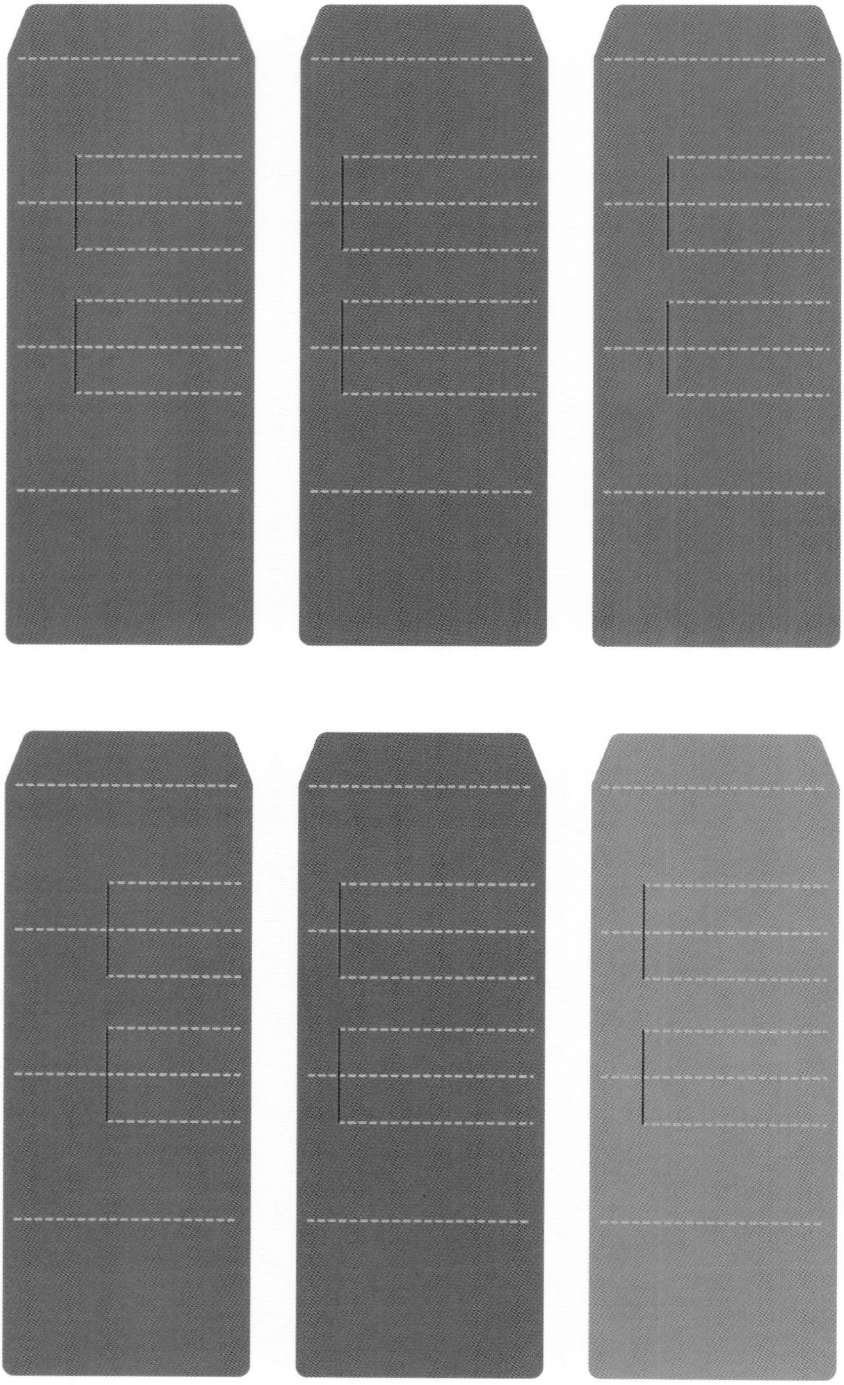

紙樣

沿實線剪下　沿線向內摺　黏合處

裝飾

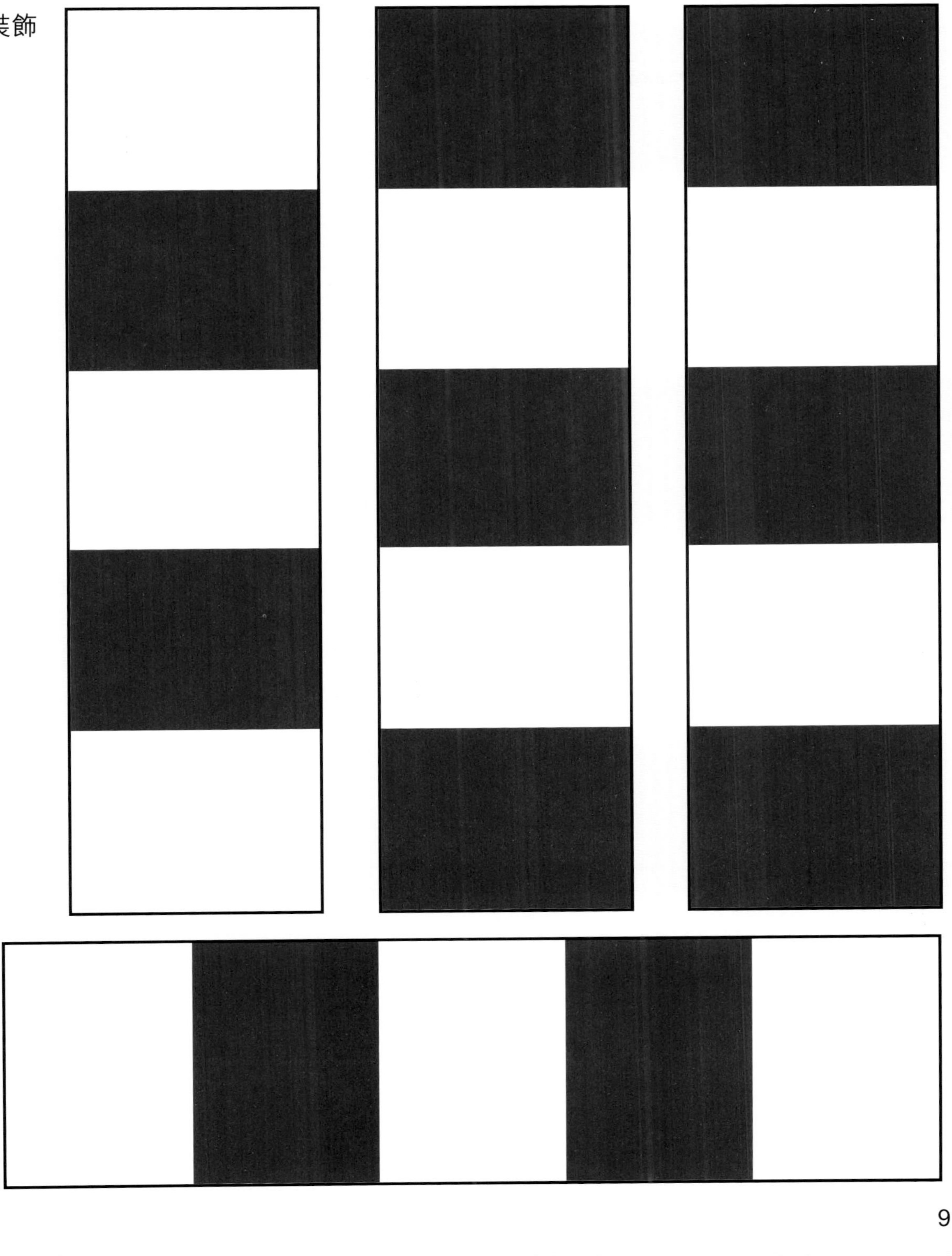

三角形裝飾

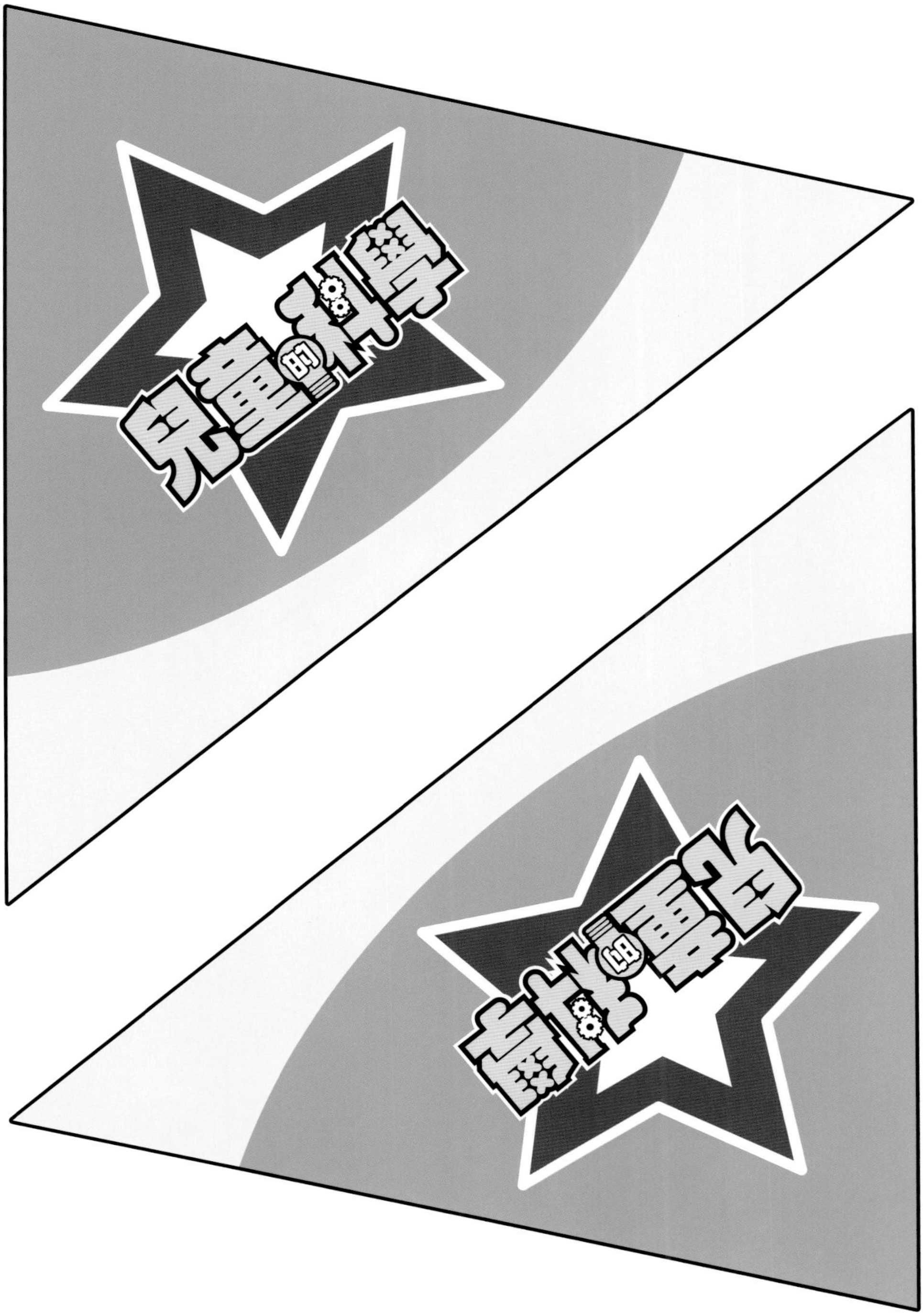

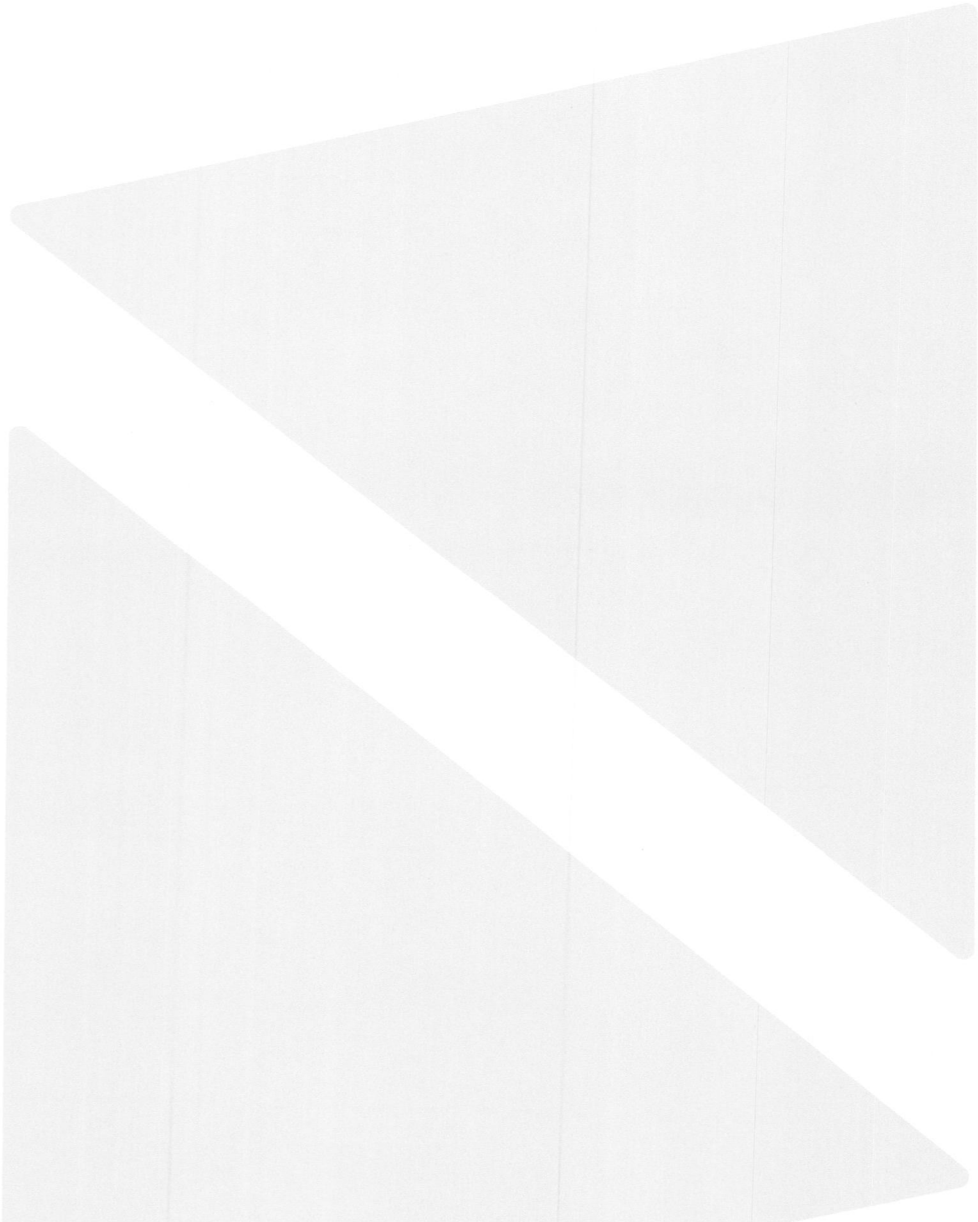

裝飾

小丑愛因獅子

小丑頓牛

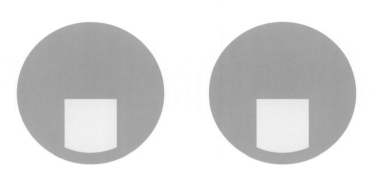

紙樣

沿實線剪下

黏合處

沿虛線向外摺

沿虛線向內摺

● 開孔

發射台

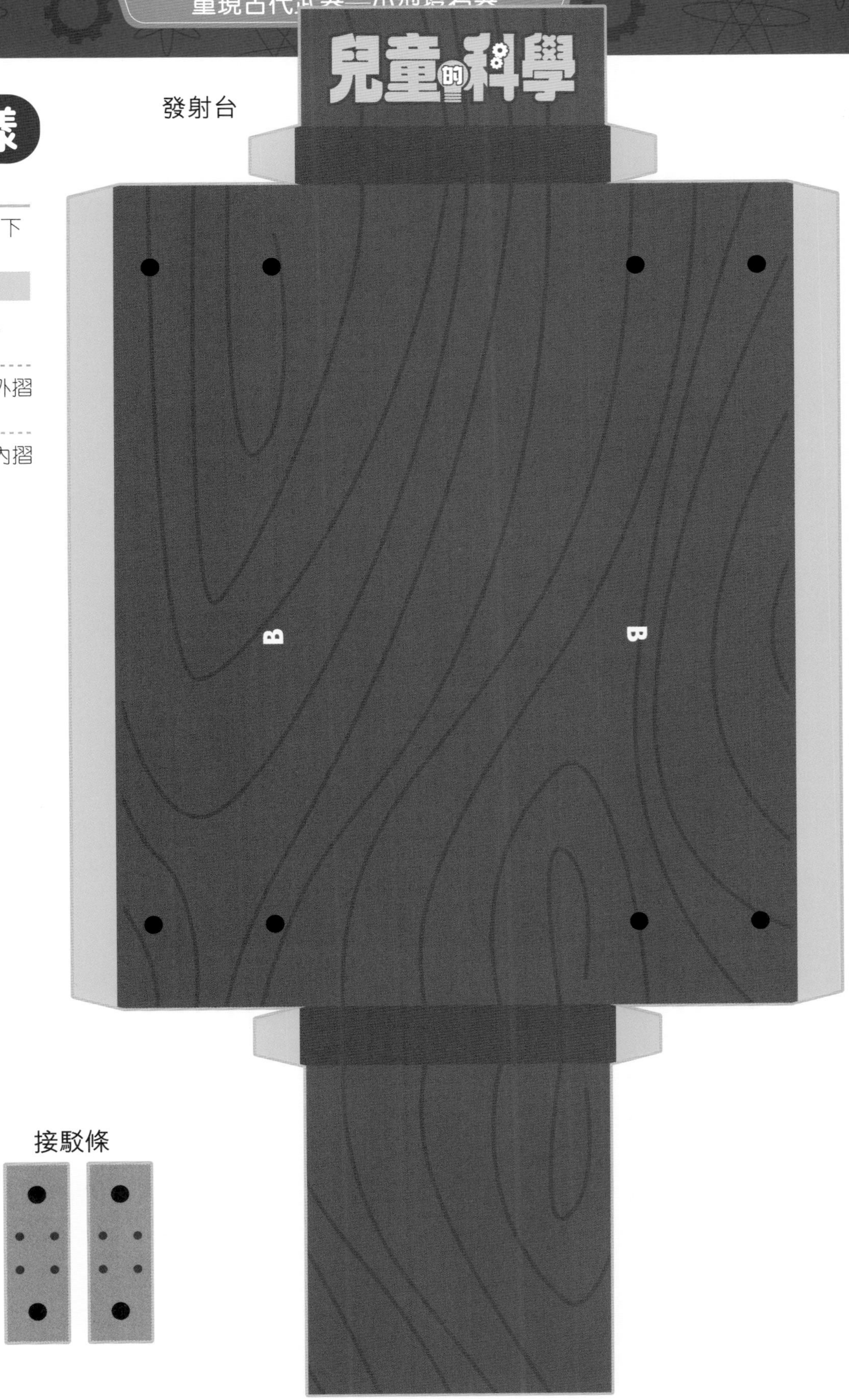

接駁條

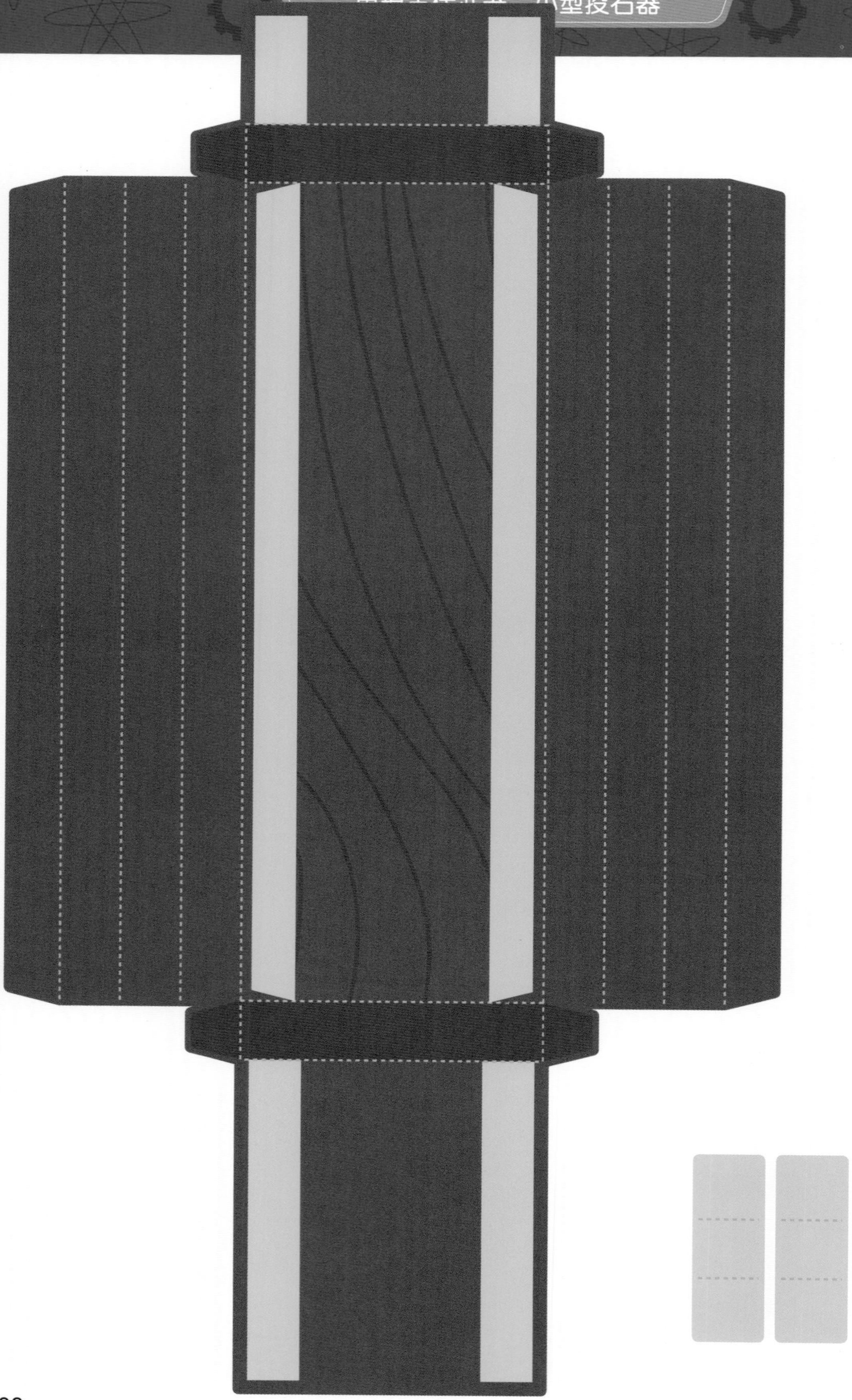

正柱

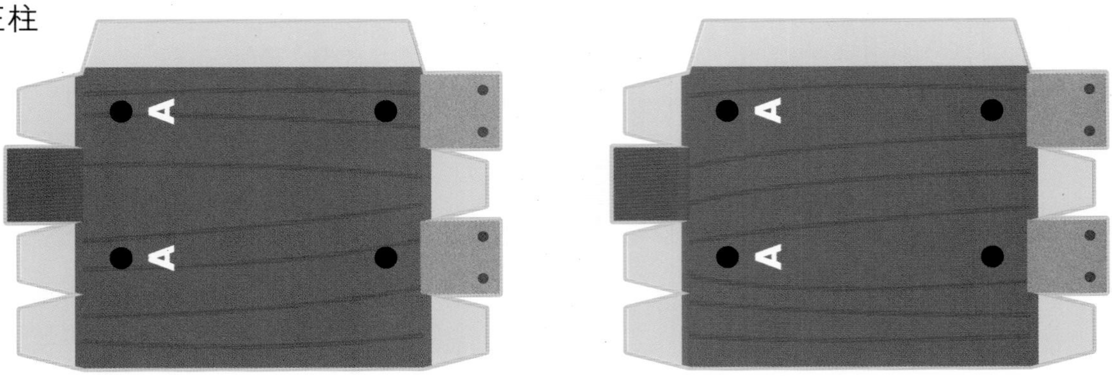

副柱

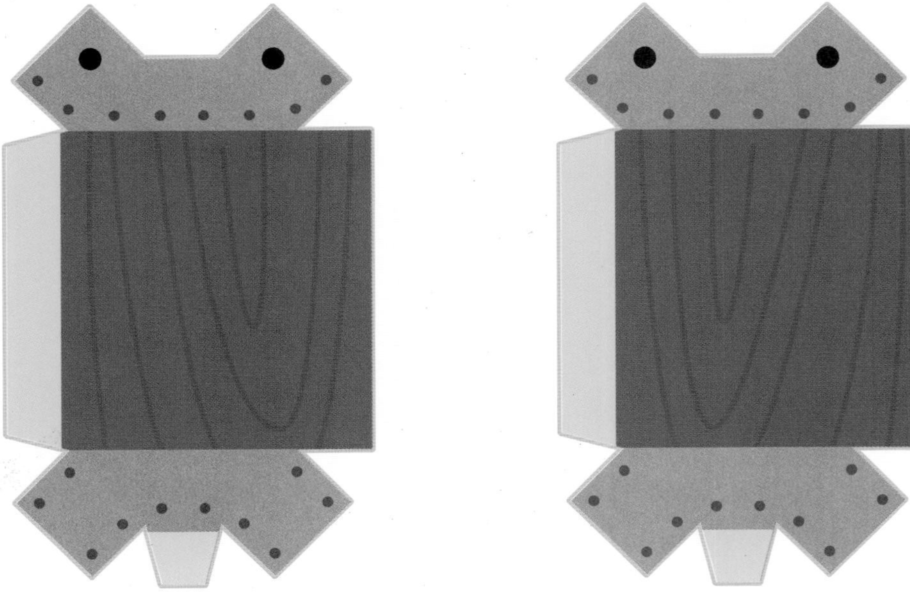

投擲桿

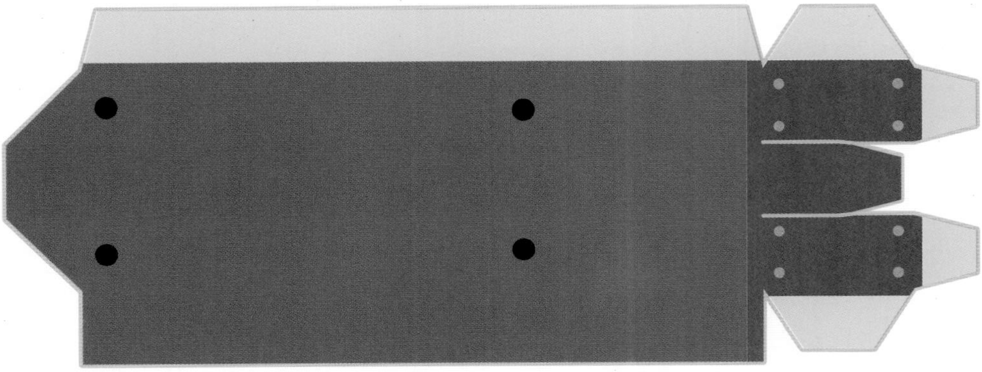

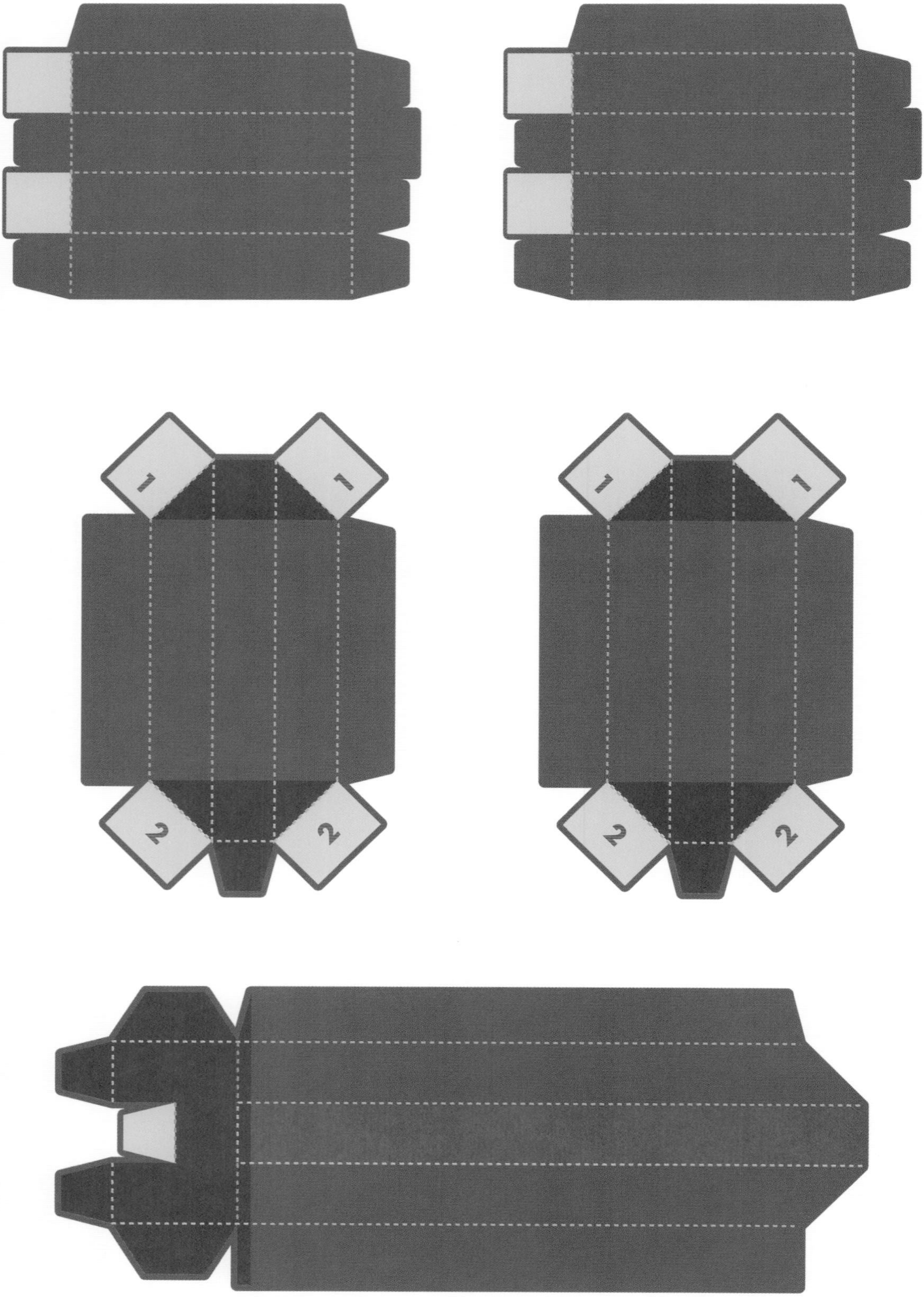
1
1
1
1
2
2
2
2

輪子

車輪邊

墊子

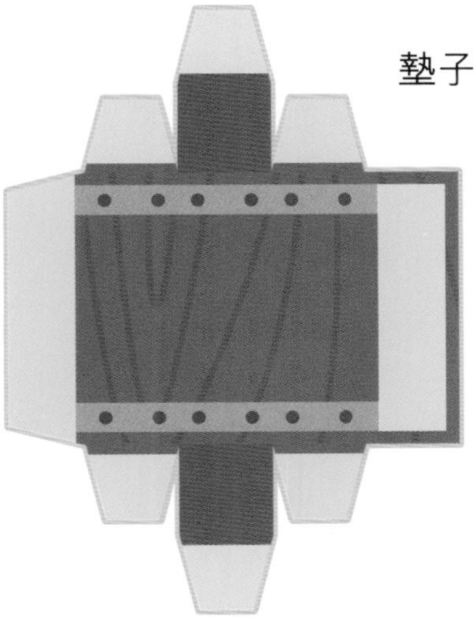

投擲桿
尾端

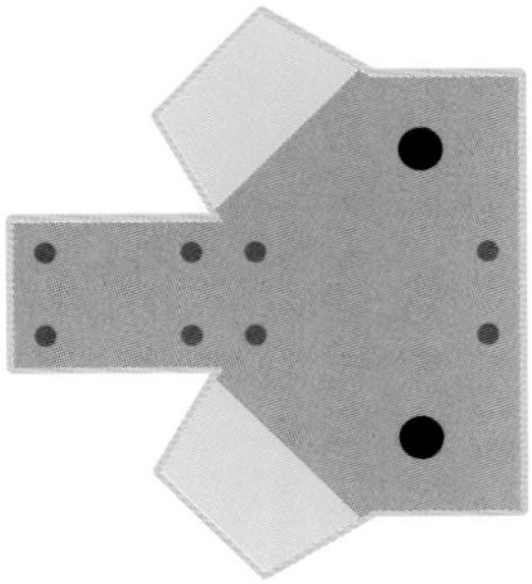

勺子

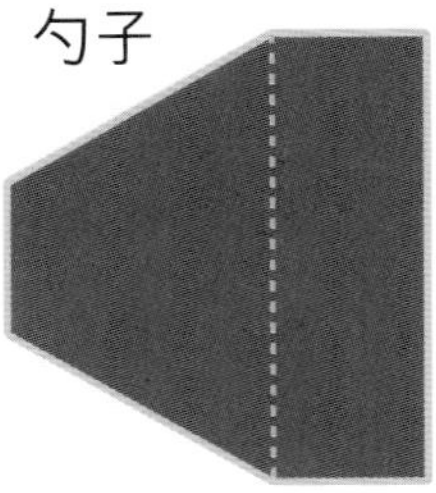

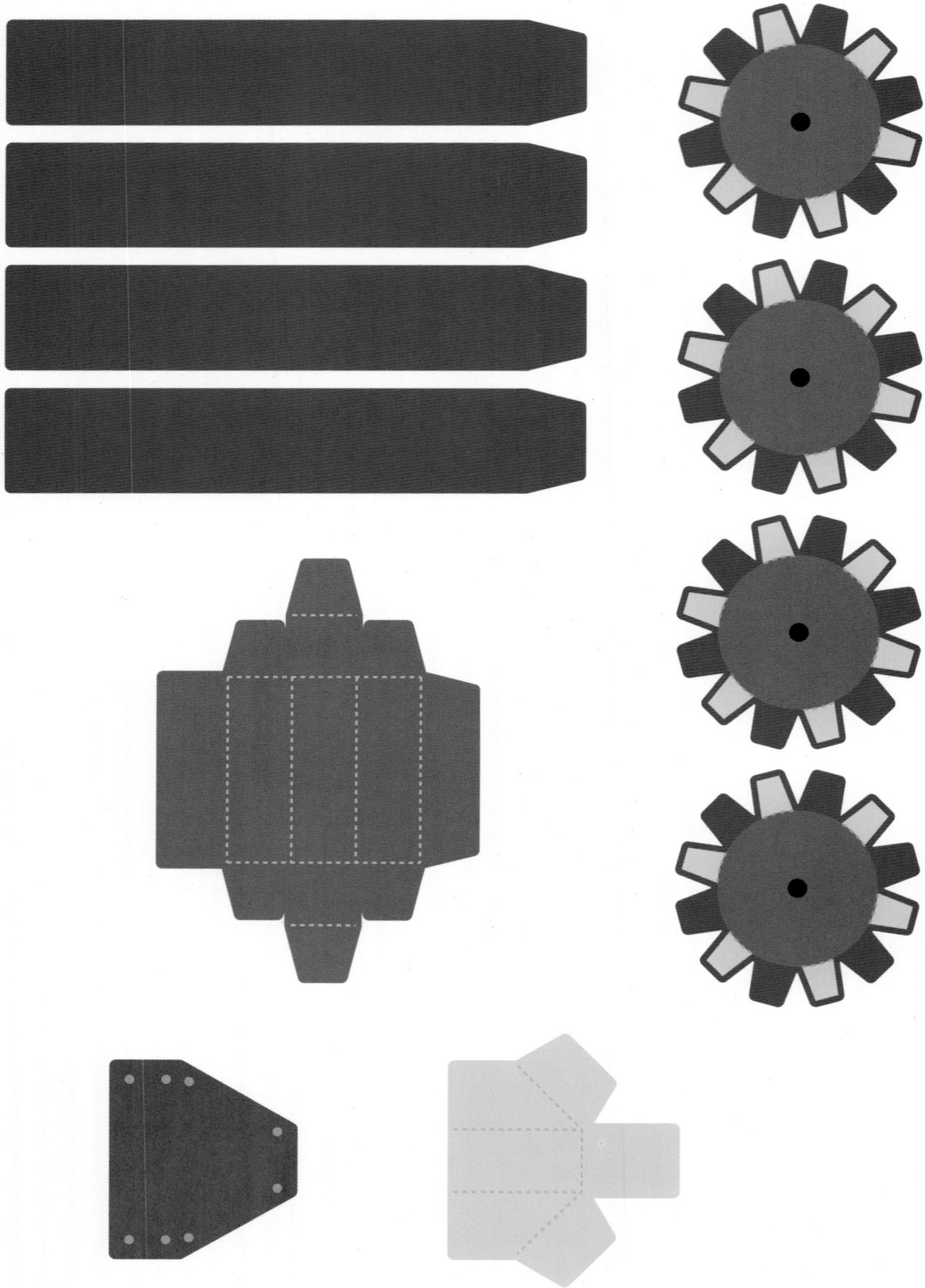

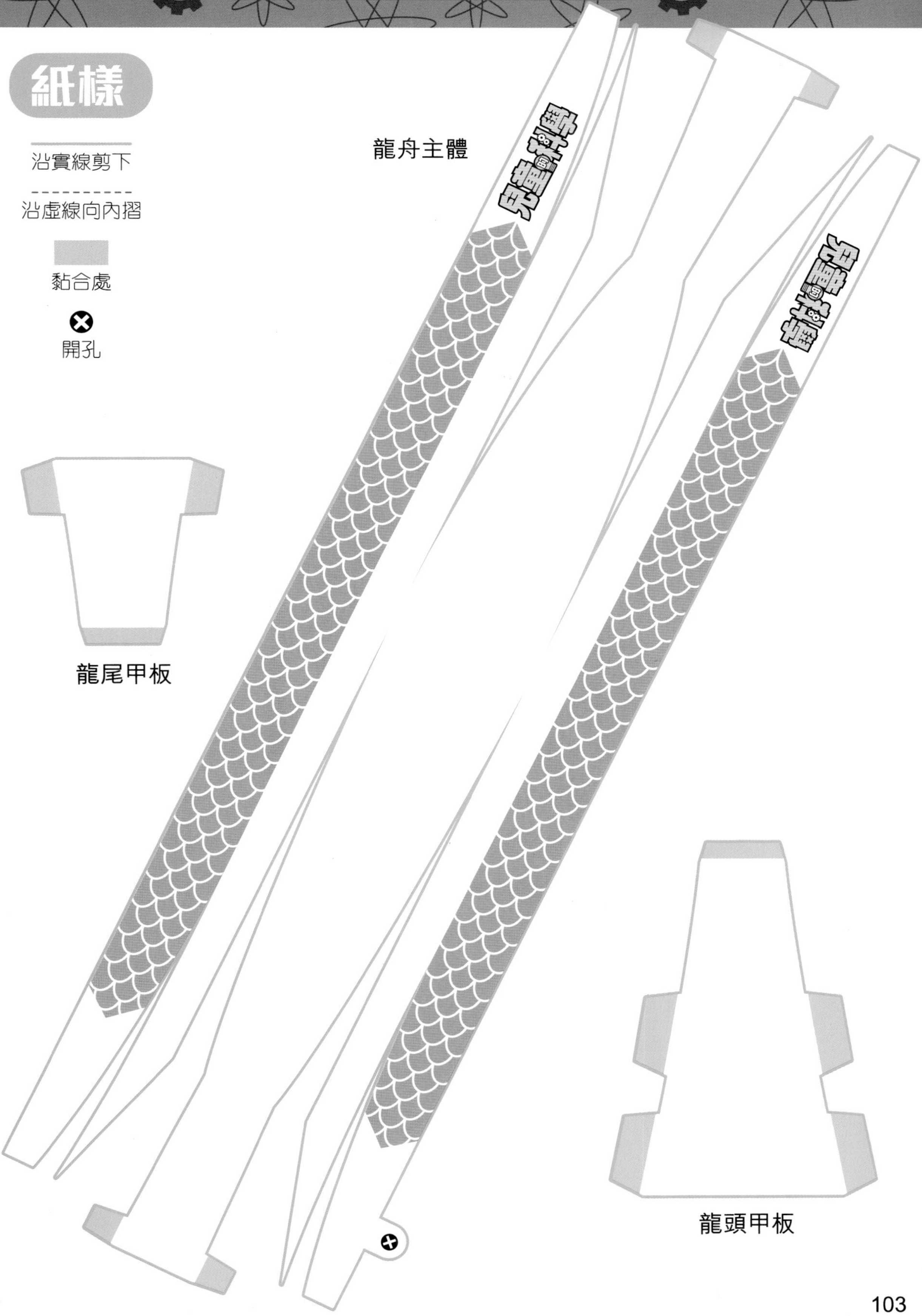
紙樣
沿實線剪下
沿虛線向內摺
黏合處
開孔
龍舟主體
兒童的科學
兒童的科學
龍尾甲板
龍頭甲板

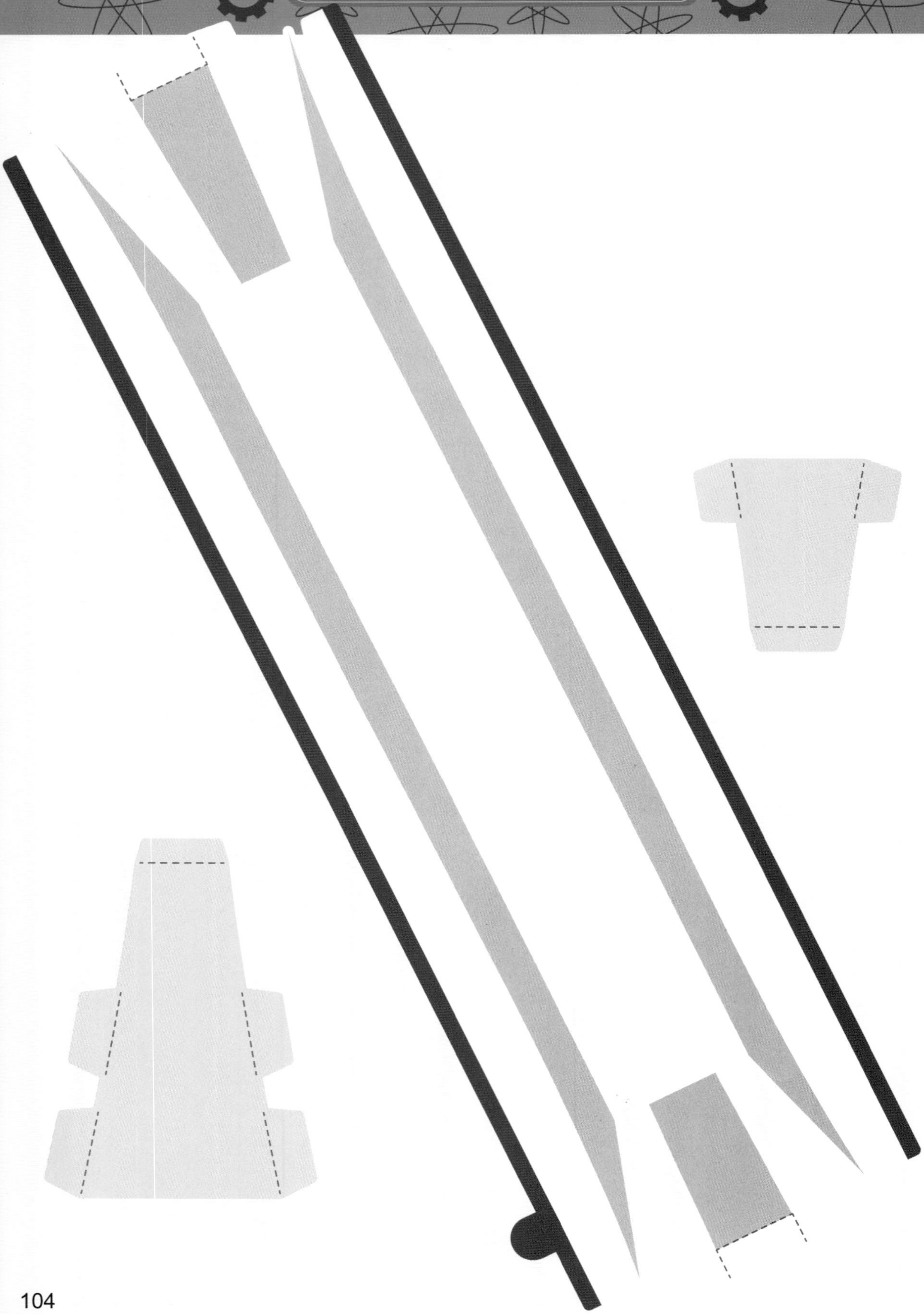

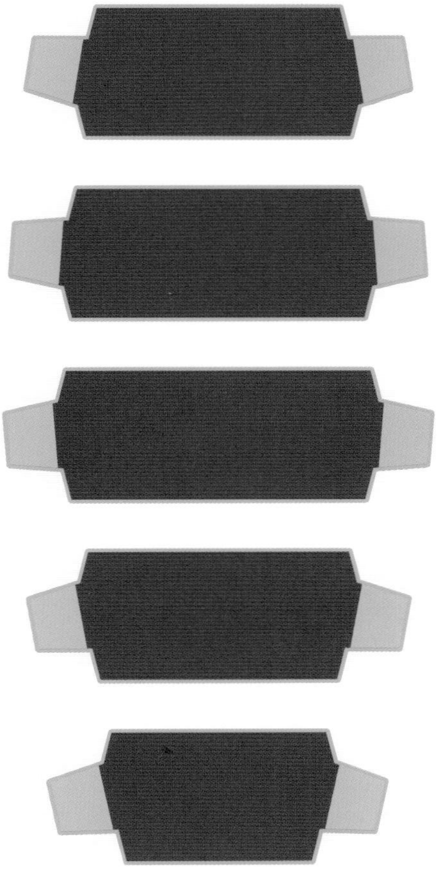

椅子

龍尾

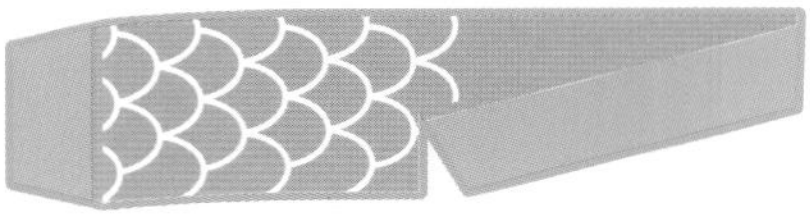

龍頭

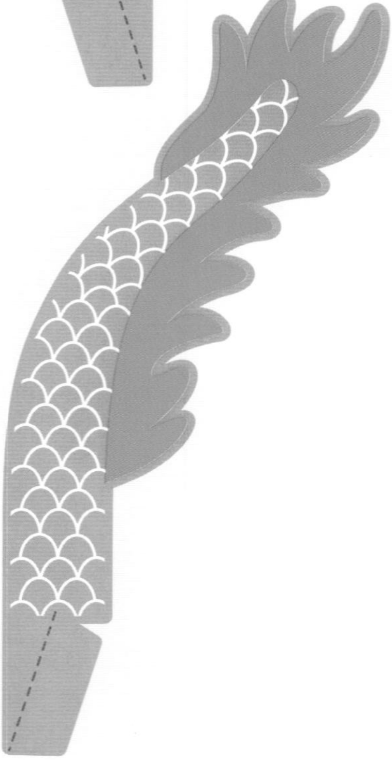

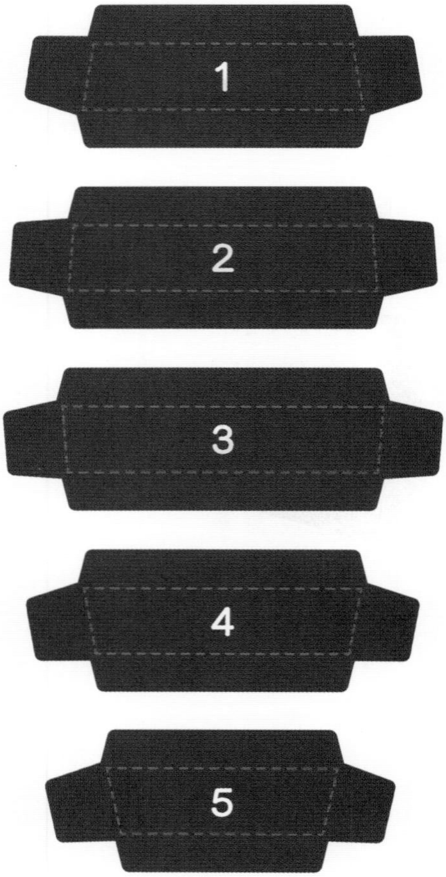
1
2
3
4
5

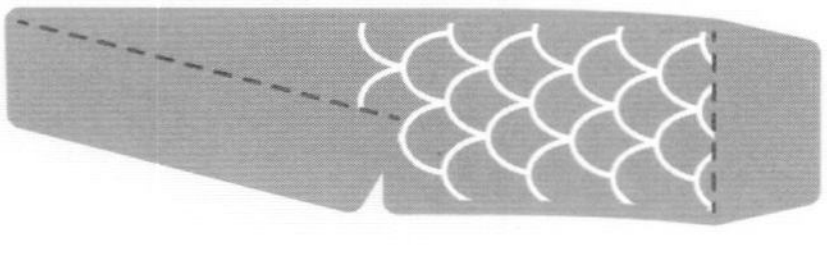

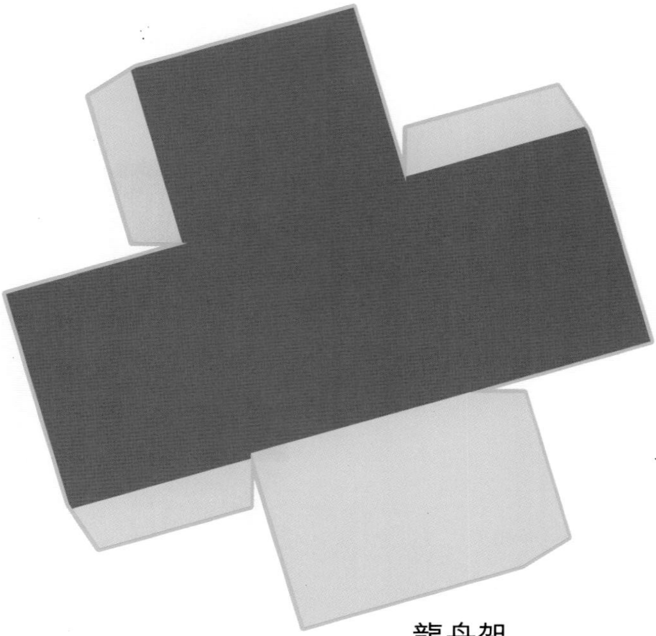

龍舟架

浪花

龍舟鼓

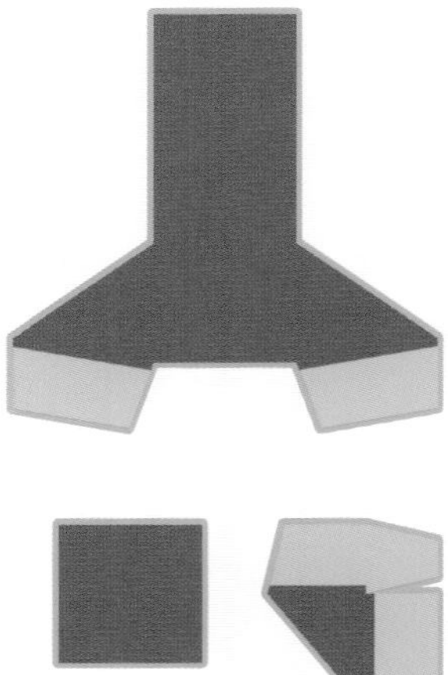

鼓手座椅

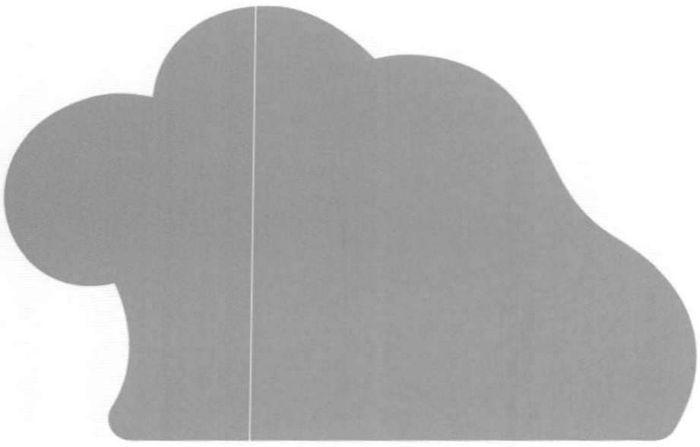

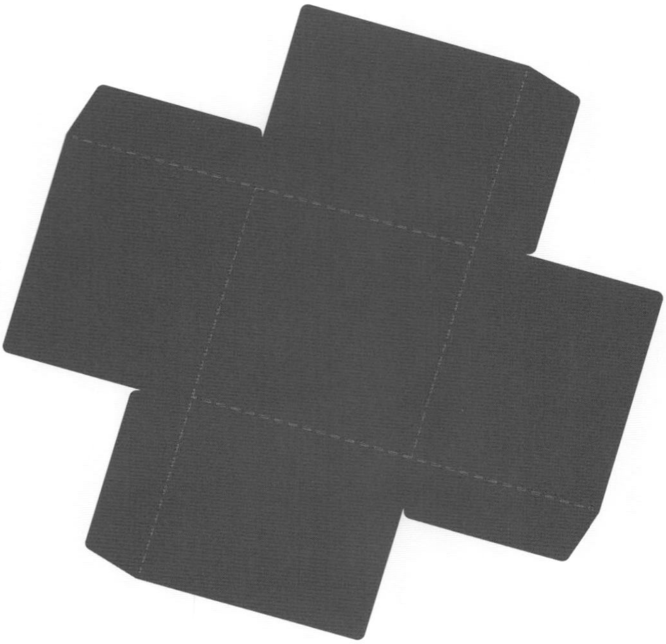

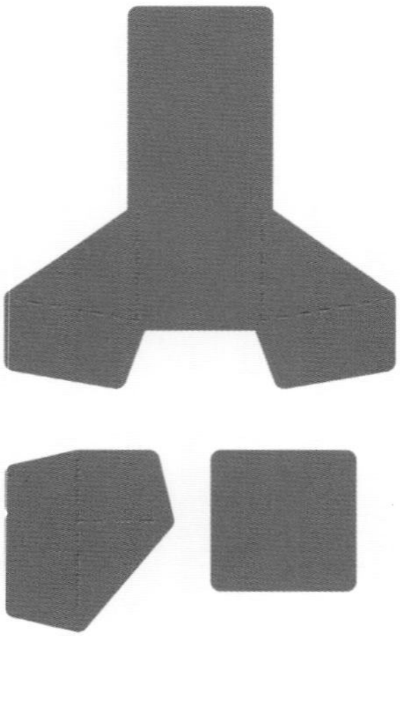

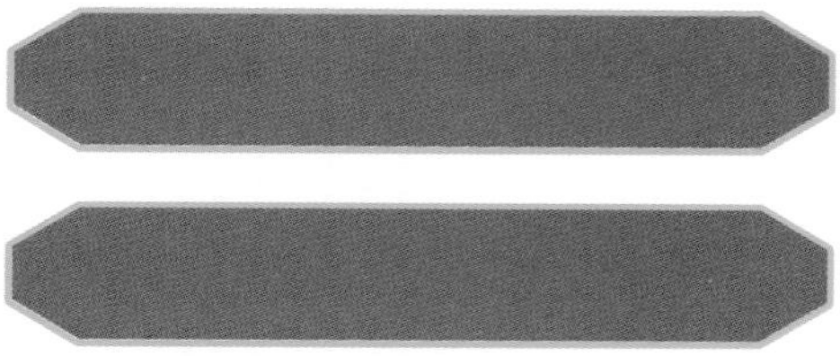

龍舟槳

舵槳

龍舟選手

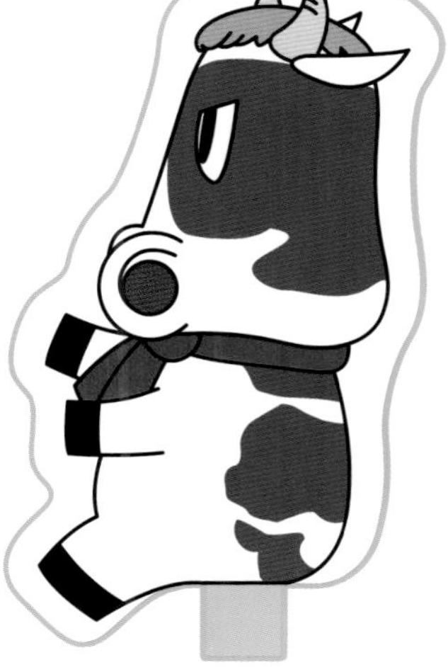

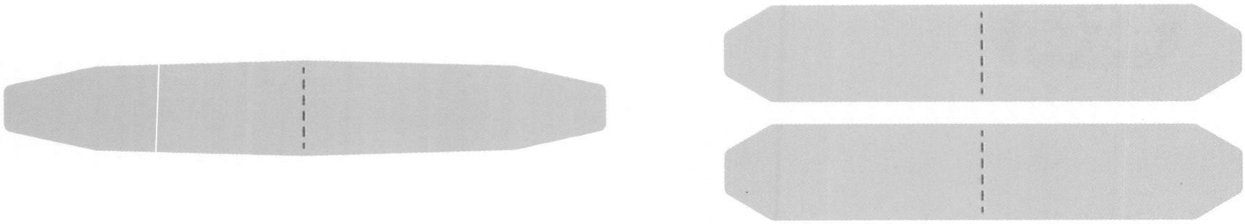

紙樣

沿實線剪下　黏合處

沿虛線向內摺　沿虛線向外摺　✕ 開孔

旋風堡壘

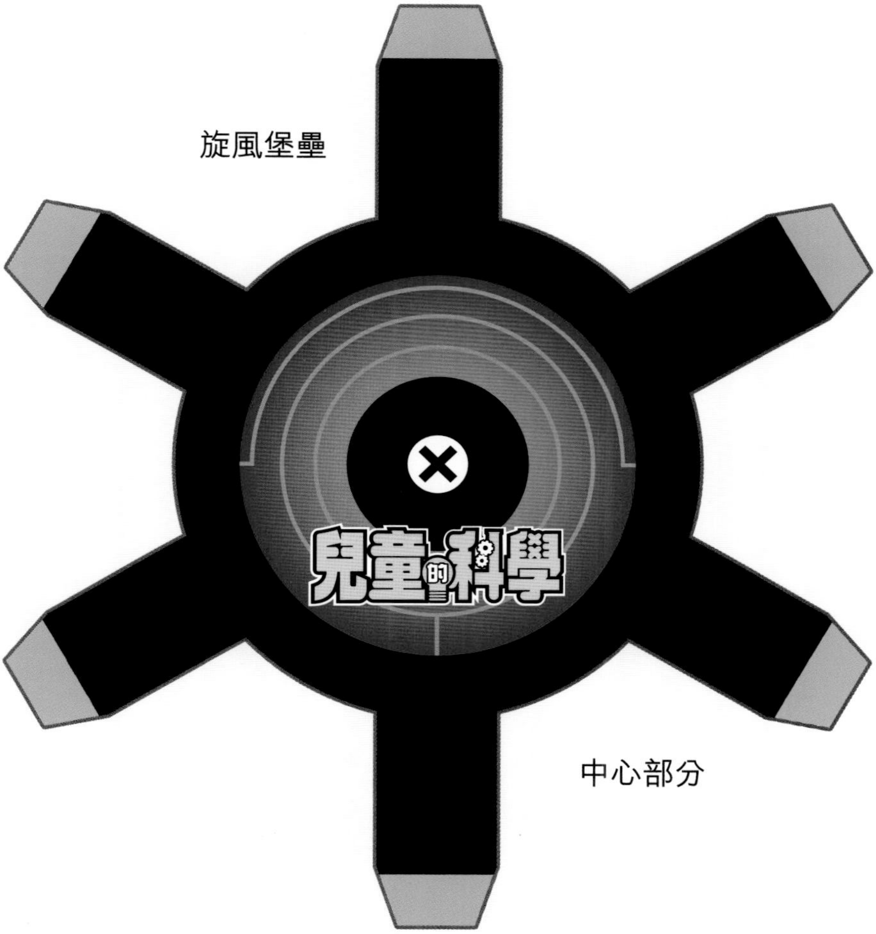

中心部分

其他裝飾（自由選用）

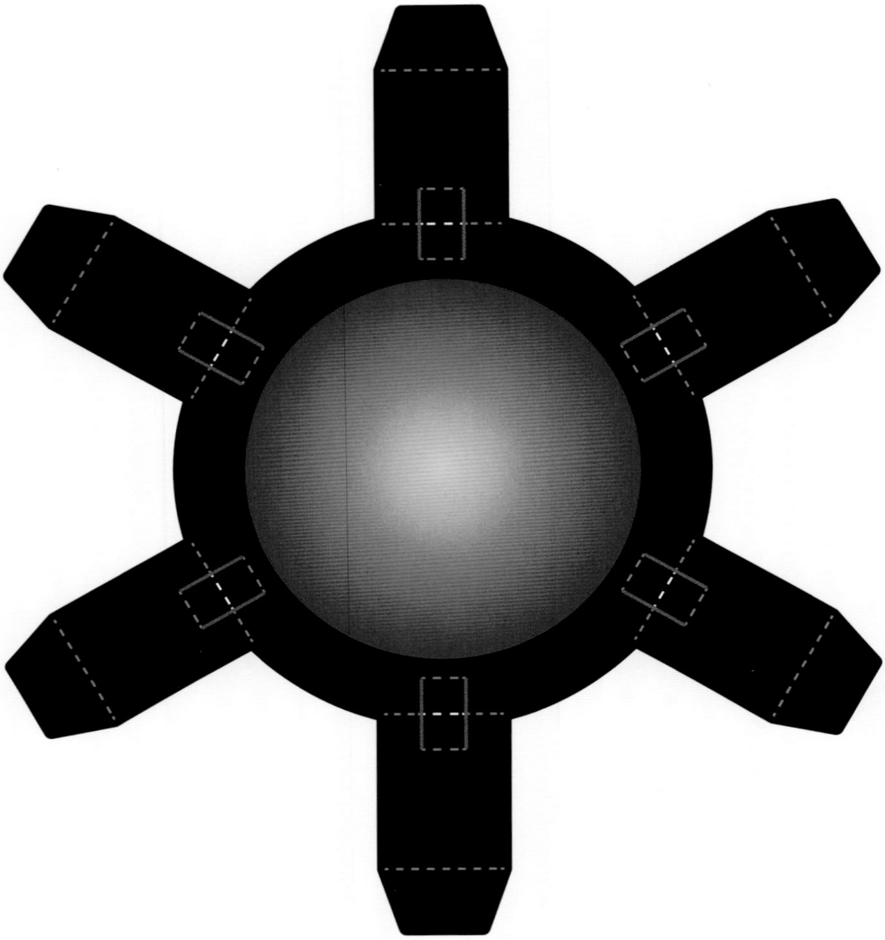

閃電號 機身

閃電號
右翼

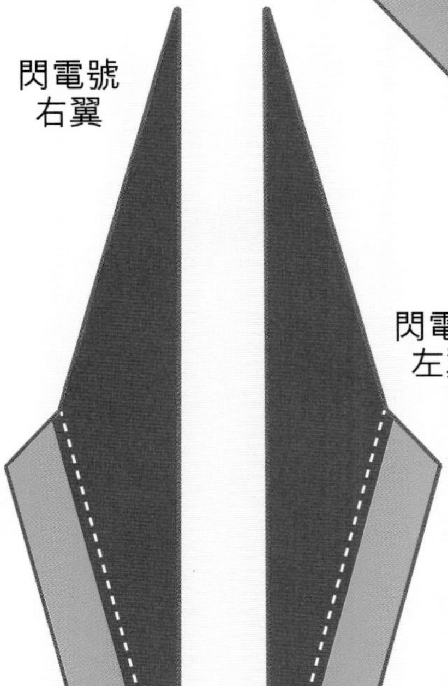

閃電號
左翼

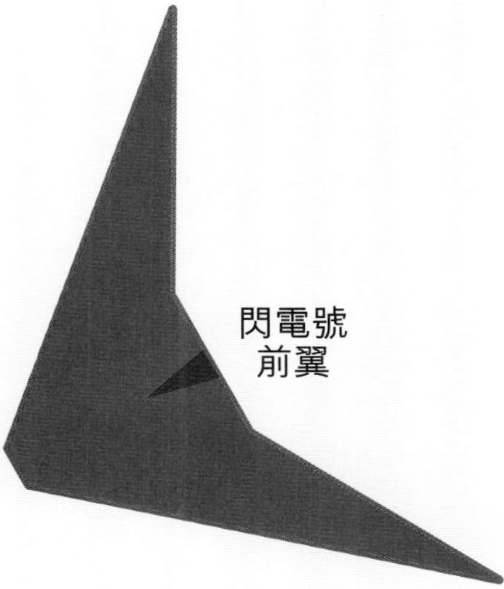

閃電號
前翼

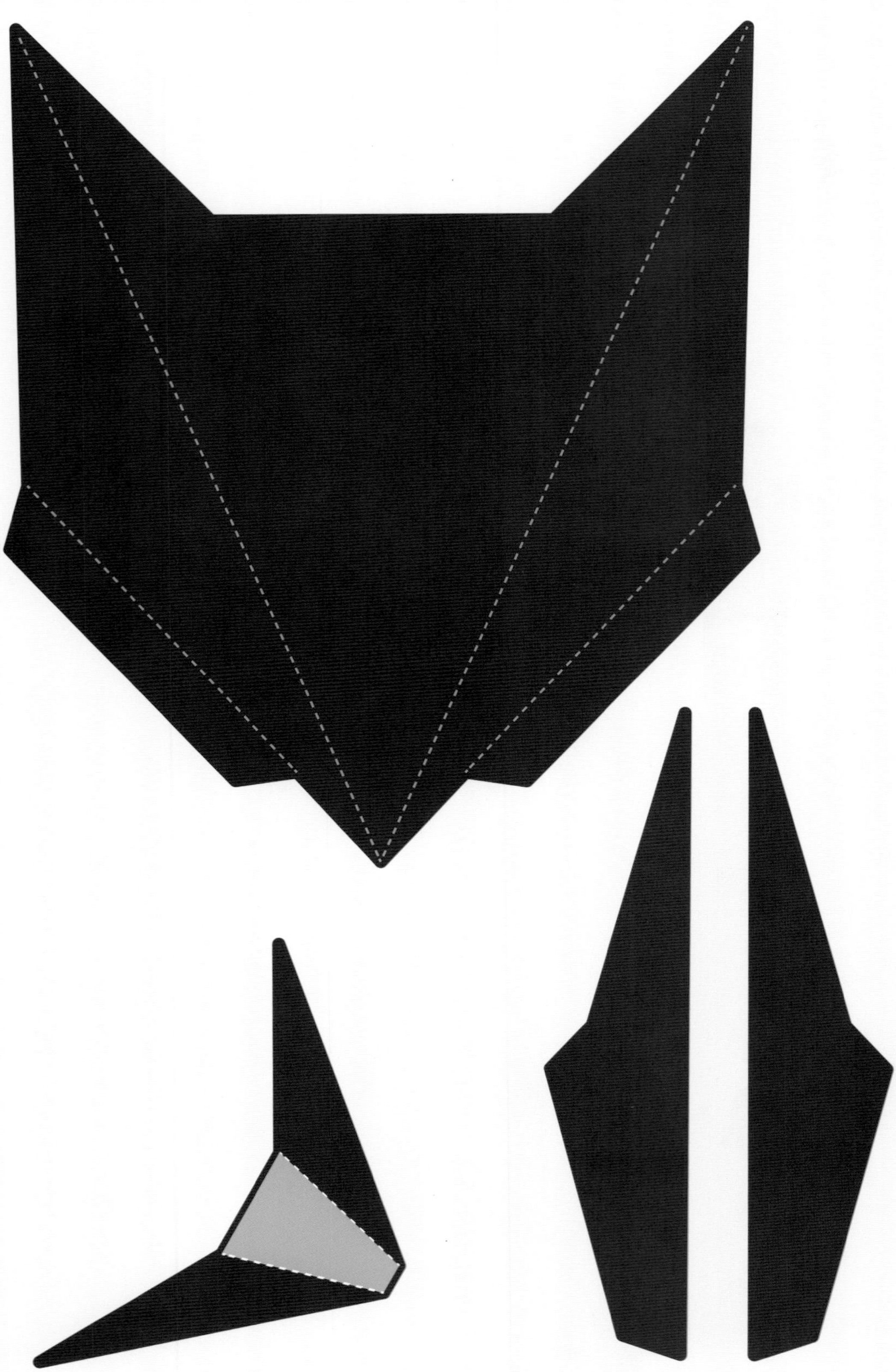

紙樣 把非黑色的部分裁走。

愛因將軍

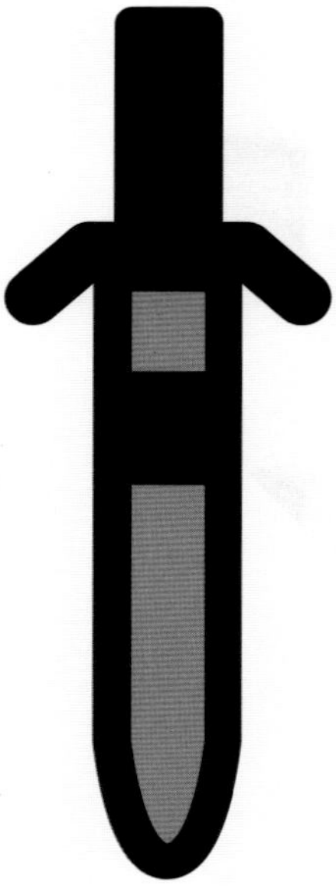

寶劍

頭部連身

手部

腳部

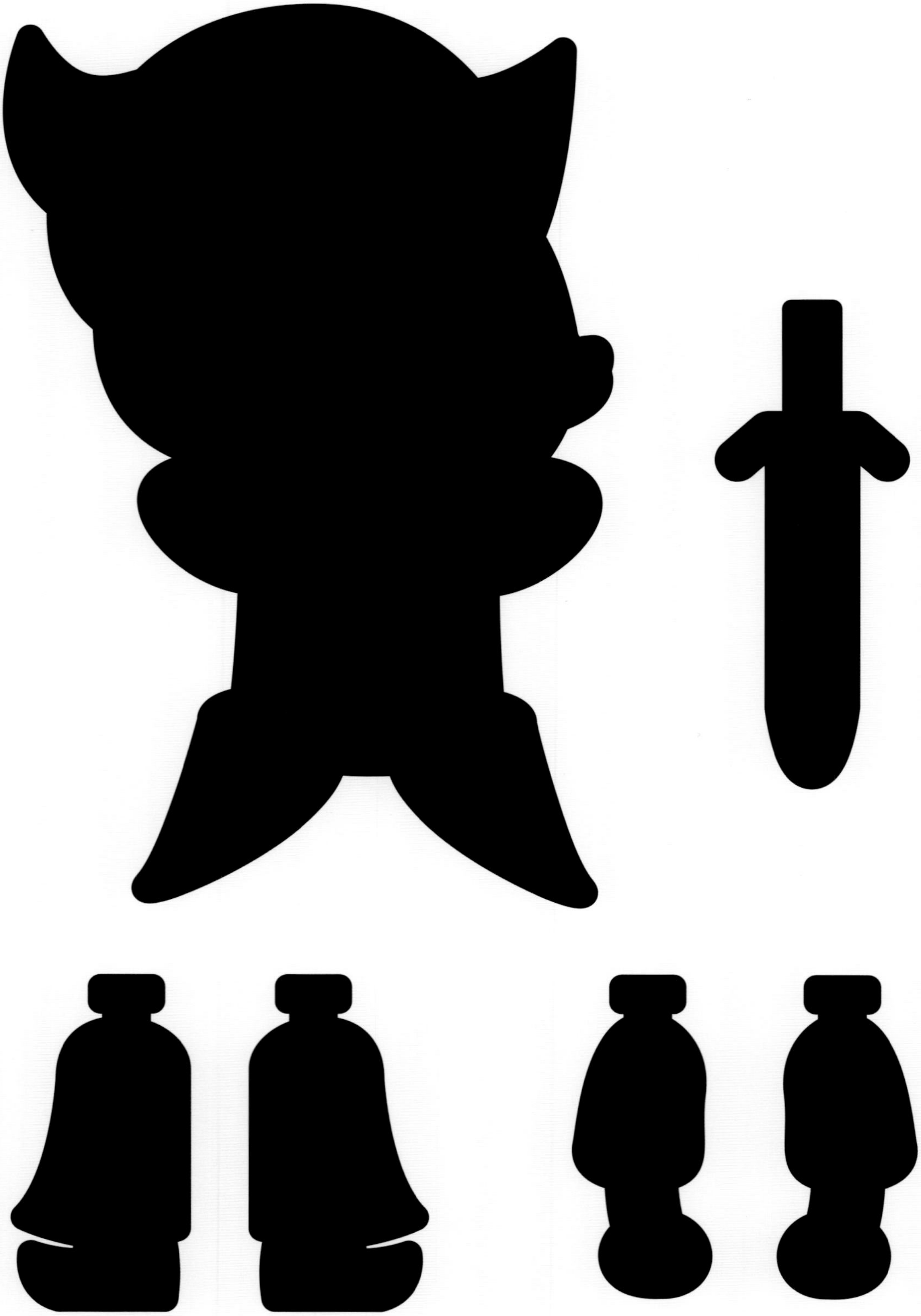

居兔姑娘

頭部連身

扇子

手部

裙子

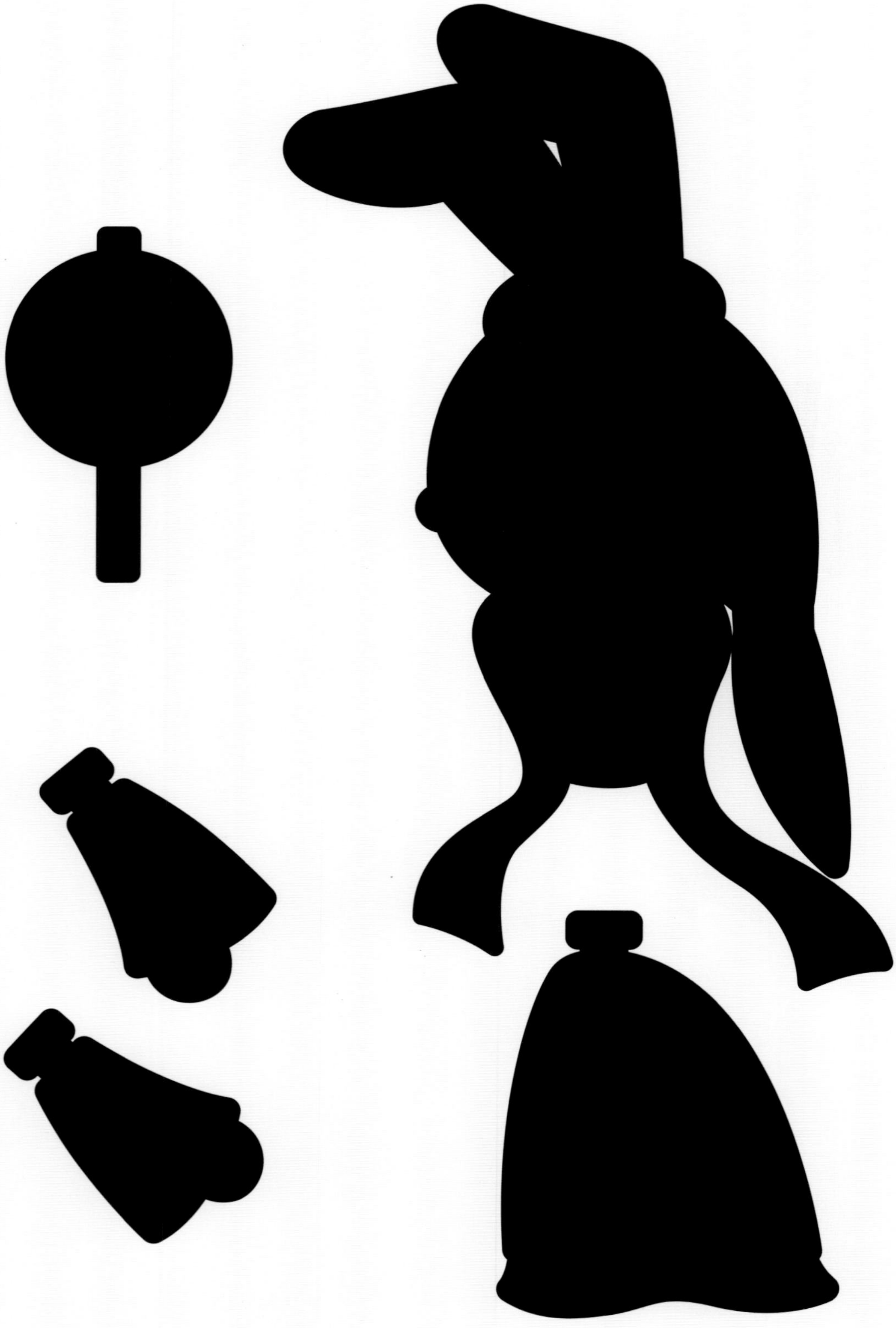

燈籠

盆栽

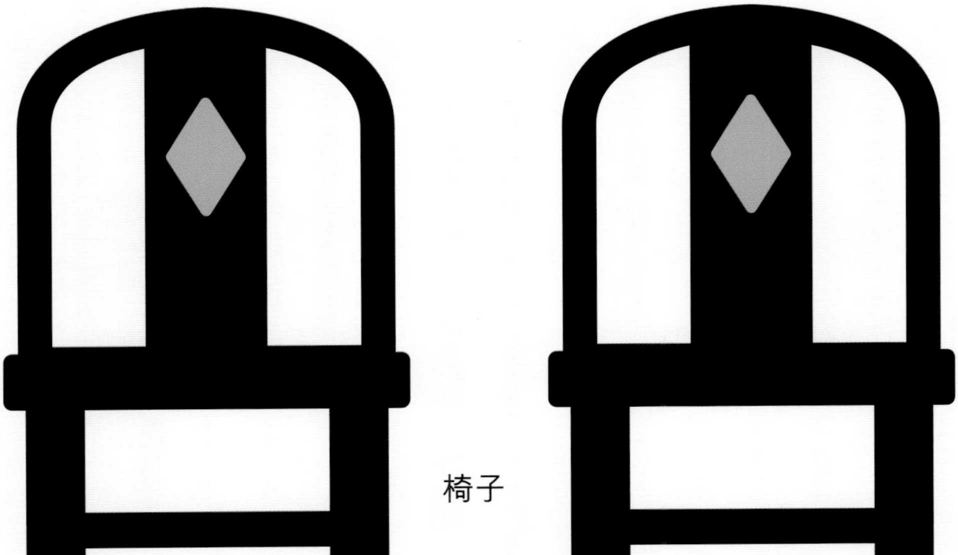

椅子

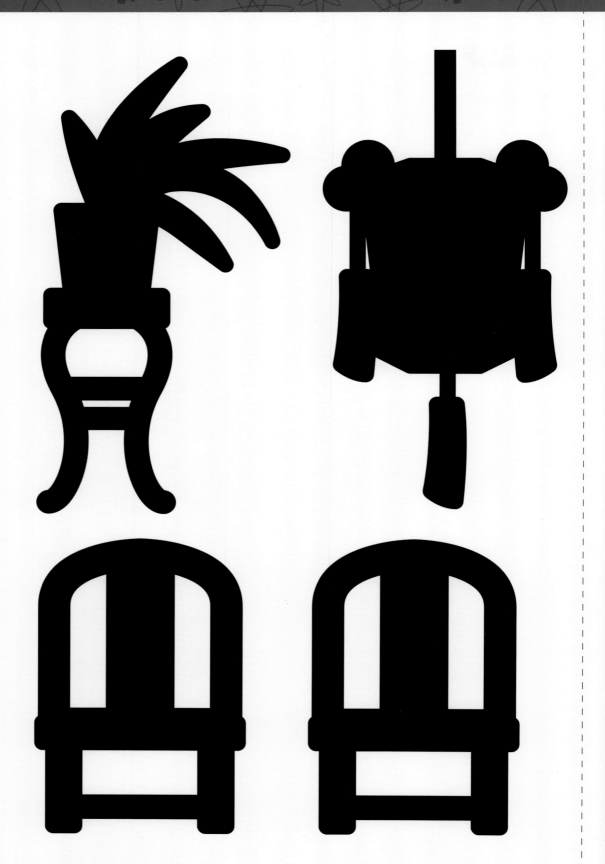

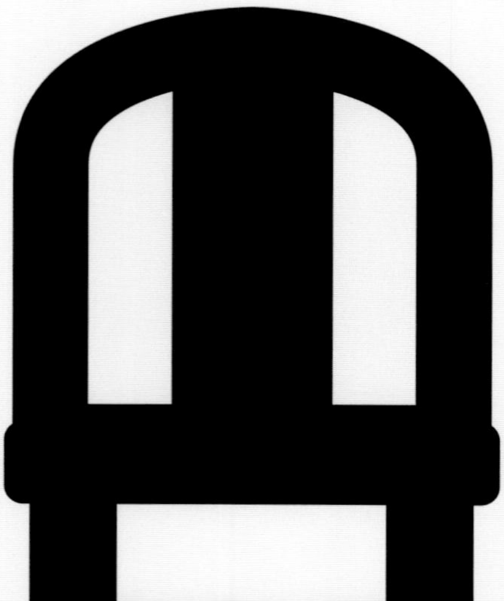

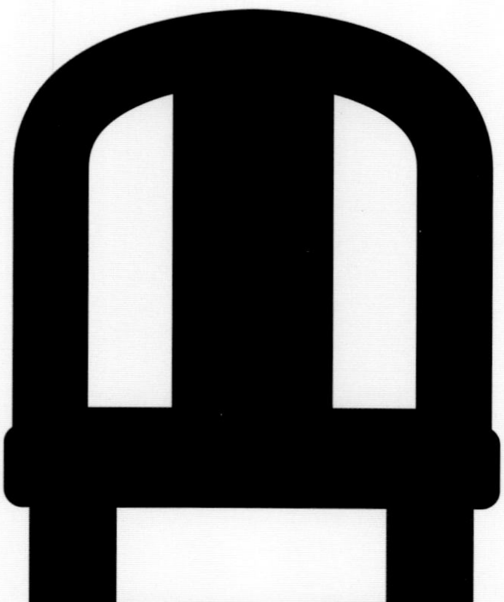

紙樣

—— 沿實線剪下　　黏合處　　- - - - 沿虛線向內摺　　⊗開孔

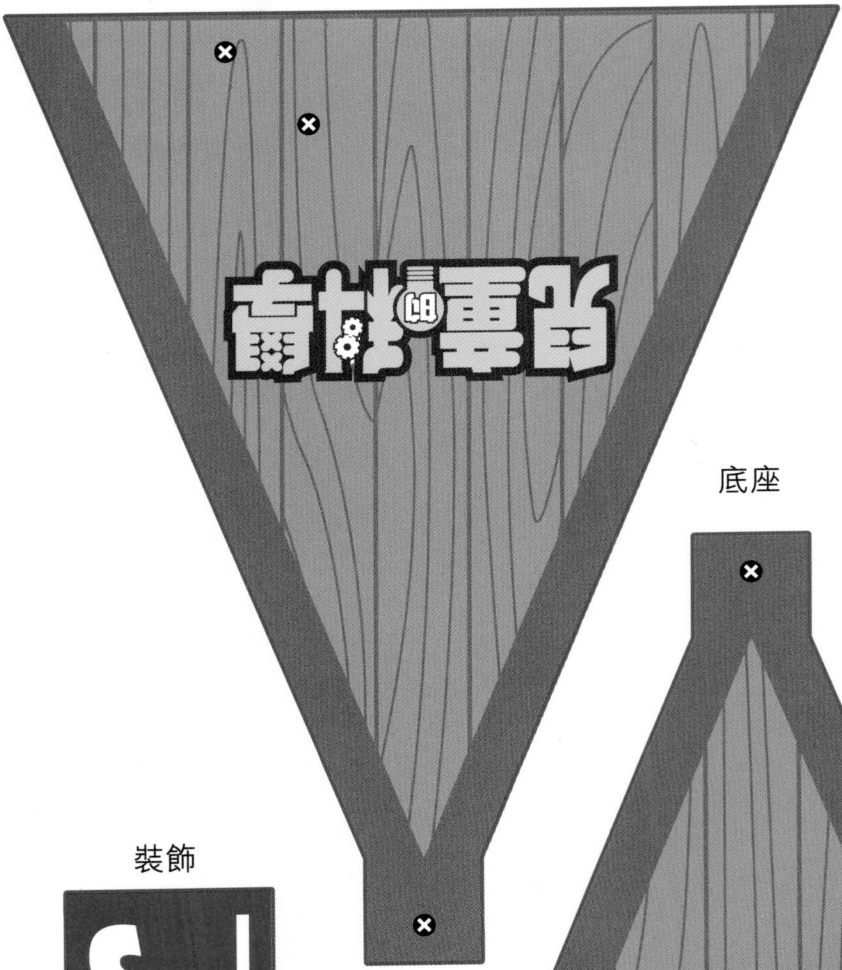

底座

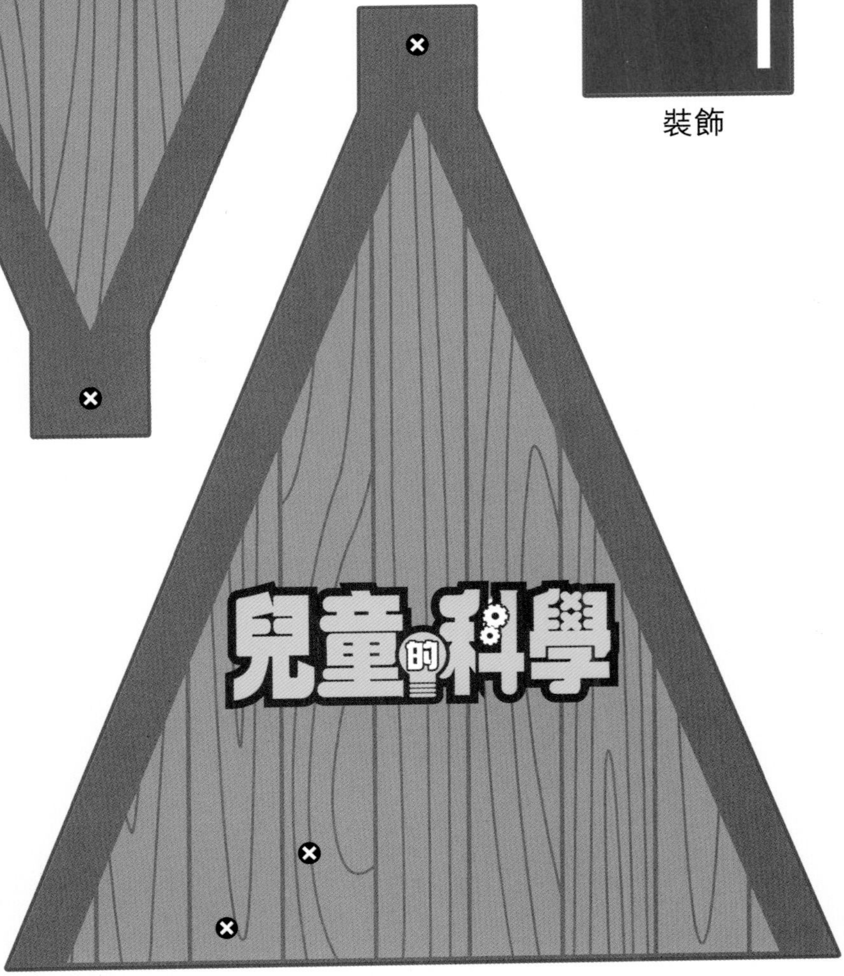

裝飾

裝飾

底座

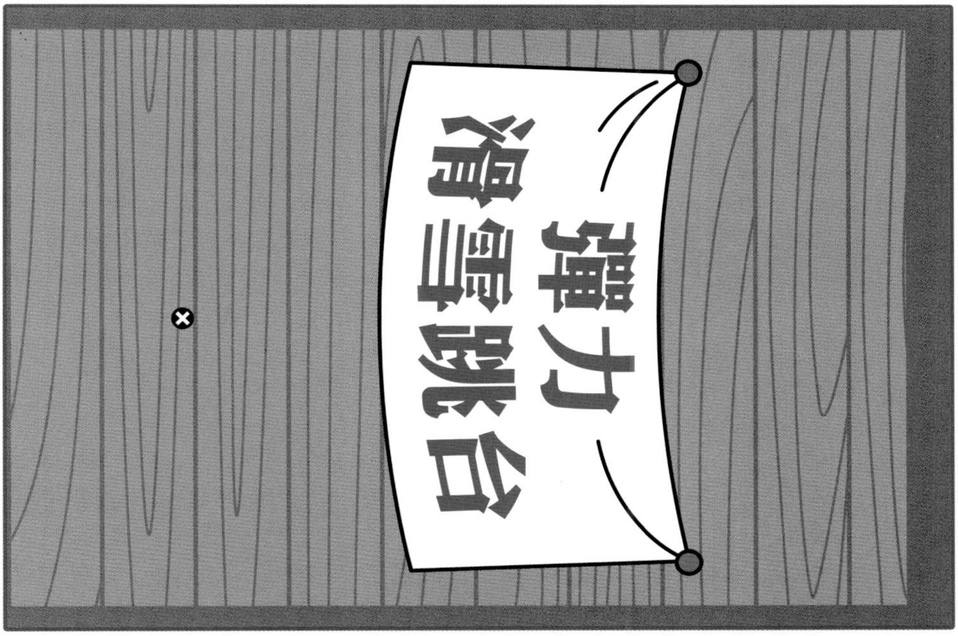

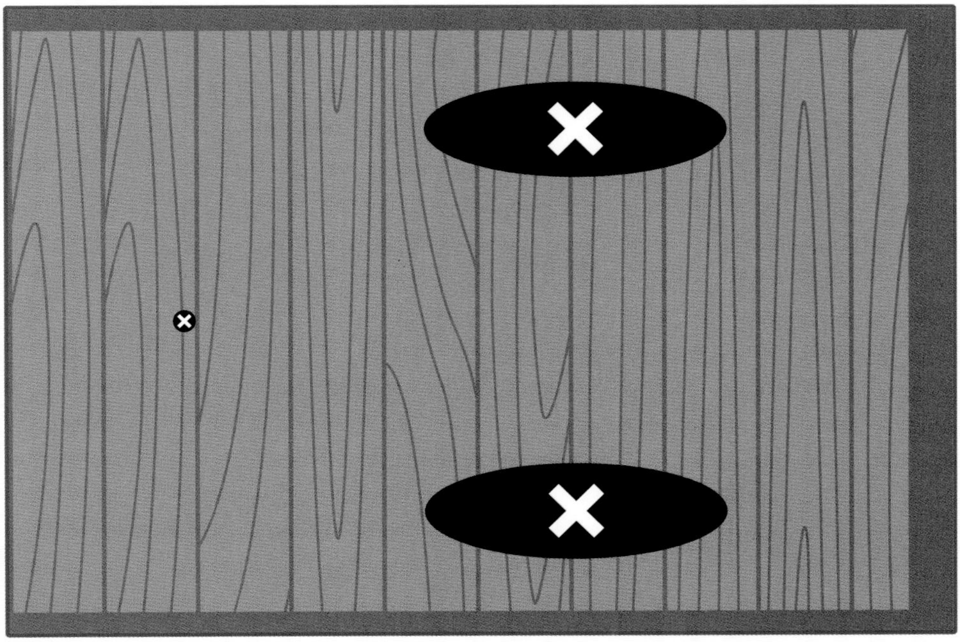

裝飾

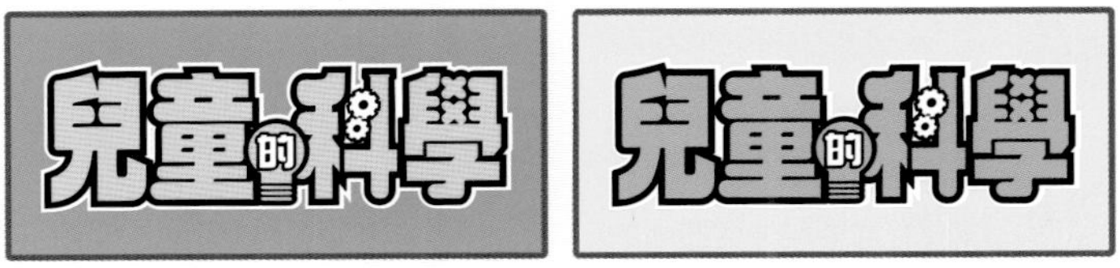

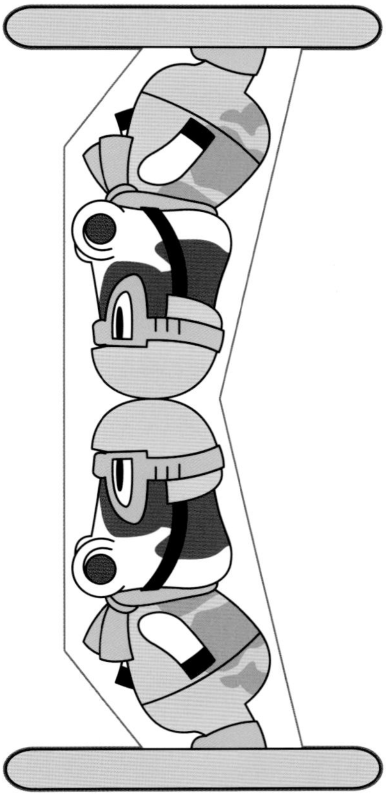

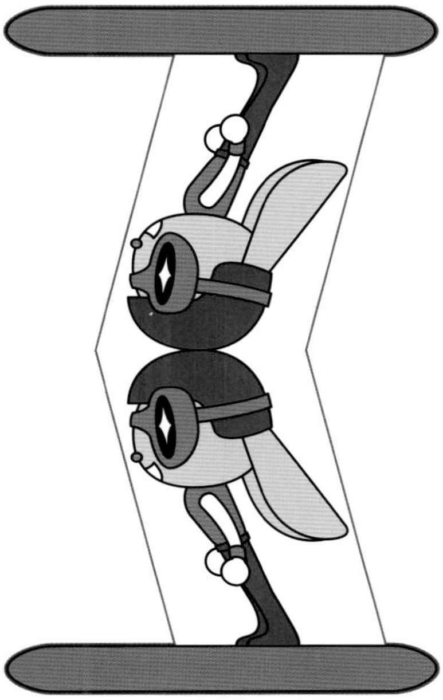

選手

裝飾

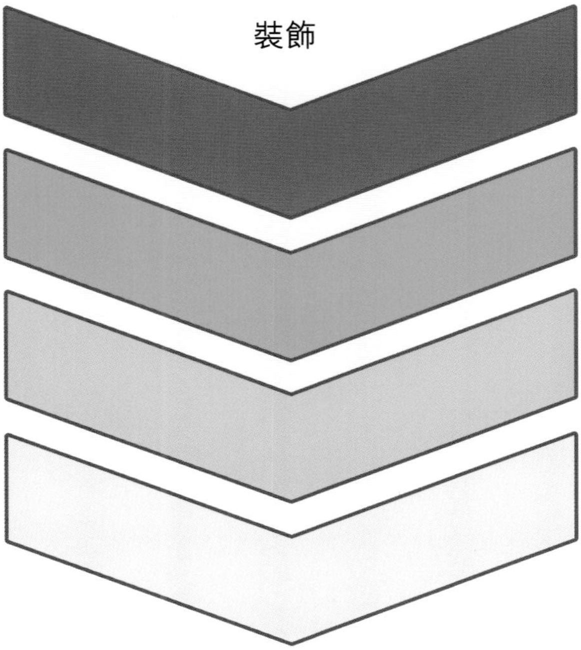

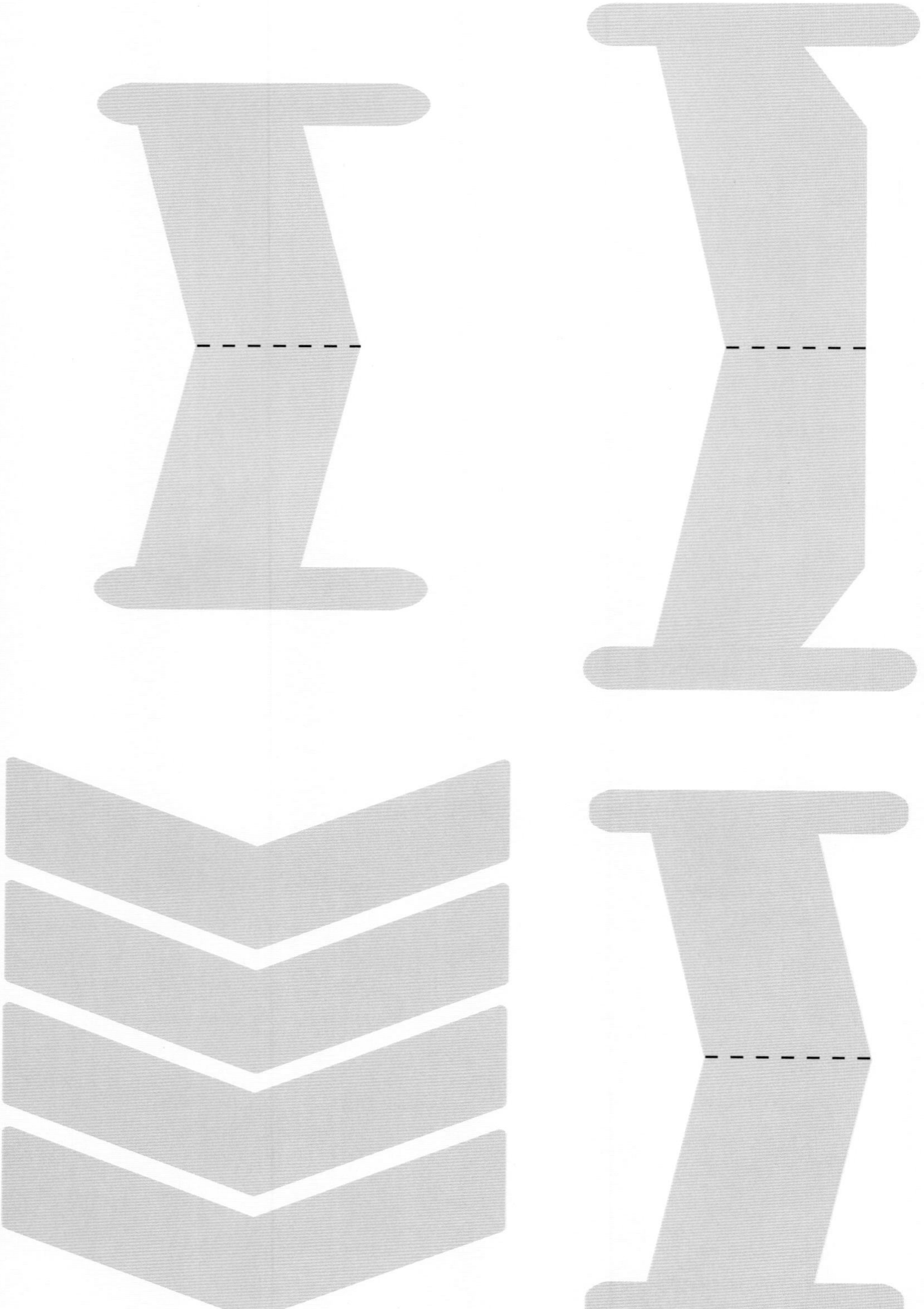

兒童的科學 全新正文社網上書店
安坐家中即可選購心水好書！

1 首先登入 正文社 RIGHTMAN Publishing Limited 網上書店 www.rightman.net

2

再按「登入/ 註冊」按鈕，進入會員登入頁面。

3

首次購物之客戶請輸入所需資料進行註冊。註冊完成後，請待收到確認電郵，激活賬號後才正式生效。會員日後只需輸入已註冊的電郵及密碼，便可按「登入」按鈕繼續購物。

4

成功登入後便可於「線上購買」頁面開始購物。透過「產品分類」的「兒童的科學」系列來找尋自己喜愛的書籍。若想知道更多書籍資料時，只要按入每本書的封面圖樣或下方的「放大鏡」按鈕，有關該書的詳細資料便會即時列出，以便了解更多相關資料及選購。

5
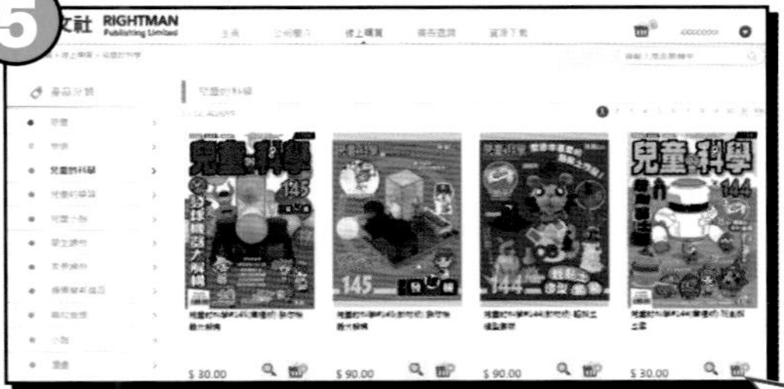

若選定心水書籍後，就可按圖書下方的「購物籃」按鈕，圖書便會自動放入購物清單內。

6
選購完成後，請按頁面右上角的「購物籃」按鈕進入結算頁面。

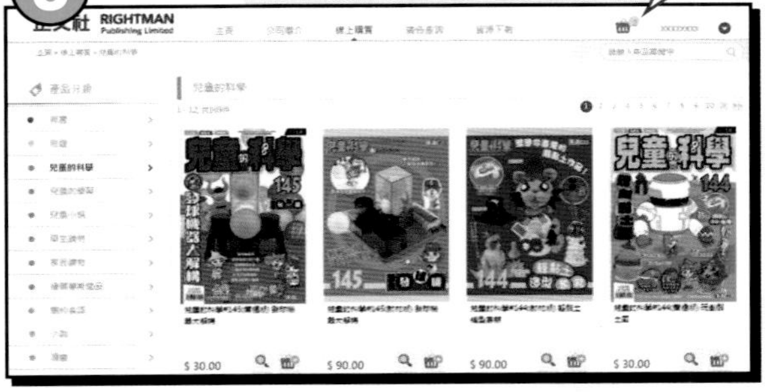

7
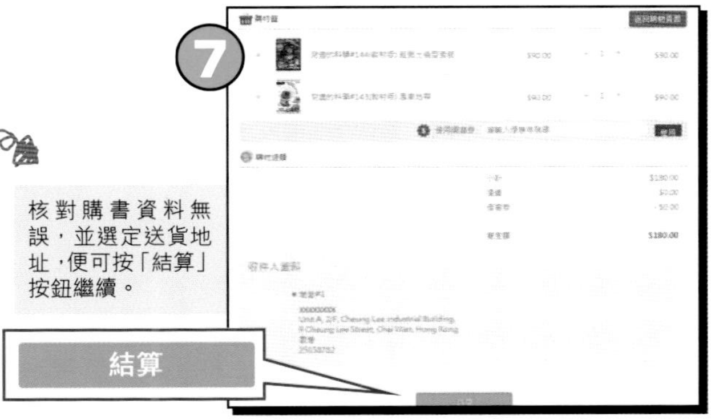

核對購書資料無誤，並選定送貨地址，便可按「結算」按鈕繼續。

8

確認訂單後，可以使用 VISA、MasterCard、PayPal、銀行轉賬或支票方式付款。選擇付款方法後，按「確認」按鈕繼續。

9

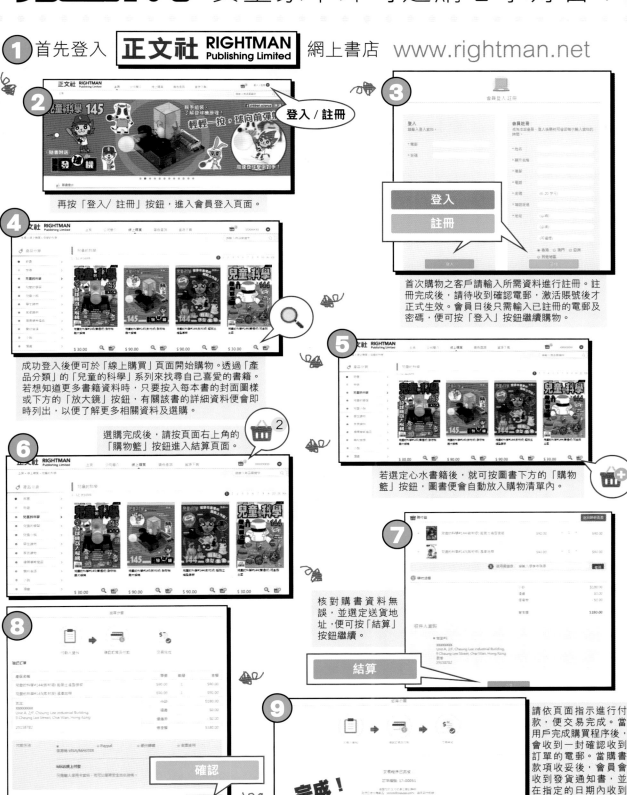

請依頁面指示進行付款，便交易完成。當用戶完成購買程序後，會收到一封確認收到訂單的電郵。當購書款項收妥後，會員會收到發貨通知書，並在指定的日期內收到訂購圖書。您亦可登入賬號，檢查購買記錄及發貨情況。

兒童的科學 趣味手工書

• 巧手製作

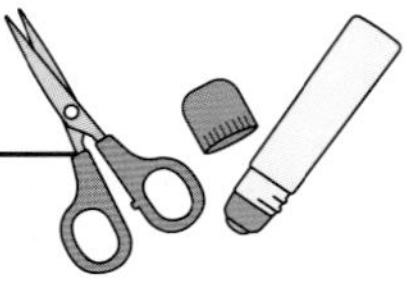

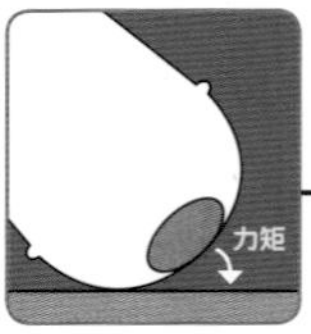

• 詳盡講解

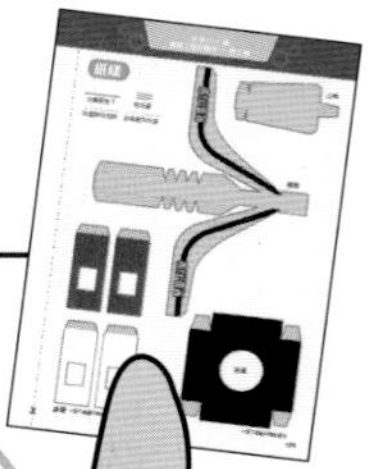

• 精美紙樣

已經出版

定價：HK$88

10個科學手工 原理活學活用

平面結構

機械構造

視覺

重心和力矩

氣壓

曆法

匯識教育